筑绿未来：低碳建筑的发展之路

主　编　王海山
副主编　王　丽　胡国芳　魏建勋
　　　　张　艺　管　辰　任启玥

中国建筑工业出版社

图书在版编目（CIP）数据

筑绿未来：低碳建筑的发展之路 / 王海山主编；王丽等副主编 . --北京：中国建筑工业出版社，2025.5. -- ISBN 978-7-112-31177-4

Ⅰ . TU-023

中国国家版本馆 CIP 数据核字第 2025R9W344 号

责任编辑：张　瑞　张　磊
责任校对：张　颖

筑绿未来：低碳建筑的发展之路

主　编　王海山
副主编　王　丽　胡国芳　魏建勋
　　　　张　艺　管　辰　任启玥

*

中国建筑工业出版社出版、发行（北京海淀三里河路 9 号）
各地新华书店、建筑书店经销
北京龙达新润科技有限公司制版
北京中科印刷有限公司印刷

*

开本：787 毫米×1092 毫米　1/16　印张：7¾　字数：187 千字
2025 年 5 月第一版　　2025 年 5 月第一次印刷
定价：48.00 元
ISBN 978-7-112-31177-4
（45187）

版权所有　翻印必究
如有内容及印装质量问题，请与本社读者服务中心联系
电话：(010) 58337283　　QQ：2885381756
（地址：北京海淀三里河路 9 号中国建筑工业出版社 604 室　邮政编码：100037）

编委会

主　编：王海山

副主编：王　丽　　胡国芳　　魏建勋
　　　　张　艺　　管　辰　　任启玥

编写组：王东旭　　乔　锋　　林佐江　　林　莉　　郭　勇
　　　　张治华　　郭喜宏　　吴高尚　　李　雪　　李雨坤
　　　　周常辉　　冯喜俊　　张　磊　　杨思远　　牛凯征
　　　　张荣琪　　刘　畅　　王　彤　　赵志红　　何其飞
　　　　万黎明　　贾　晶　　王亚杰　　孟繁钰　　石　越
　　　　梁　磊　　王圣元　　田晓雨　　刘怀文　　赵宝岩
　　　　郝吉波　　李凯旋　　周　旭　　贾玉玲　　张新宇
　　　　刘晓伟　　王大为　　王姗姗

序 言

当前全球正面临着前所未有的气候变化挑战，控制全球地表升温已成为国际社会的共识。我国作为负责任的大国，于 2020 年 9 月承诺在 2030 年前力争实现碳达峰，2060 年前努力实现碳中和，不仅体现了我国对全球气候治理的承诺，也是推动我国经济社会发展低碳转型的重要契机。

2024 年 7 月 18 日，党的二十届三中全会通过的《中共中央关于进一步全面深化改革、推进中国式现代化的决定》明确提出"健全因地制宜发展新质生产力体制机制"，为深入贯彻三中全会的会议精神，《中共中央 国务院关于加快经济社会发展全面绿色转型的意见》中提出了"推行绿色规划建设方式""大力发展绿色低碳建筑"等加快推进城乡建设发展绿色转型的重点意见。

建筑业作为新质生产力发展和应用的重要场景，也是能源消耗和碳排放的重要领域之一，《中国城乡建设领域碳排放研究报告（2024 年版）》公布的数据显示，2022 年全国建筑与建筑业建造（含基础设施）碳排放总量为 51.3 亿 tCO_2，占全国能源相关碳排放的比例为 48.3%，比 2021 年全国建筑业全过程碳排放总量（50.1 亿 tCO_2）增长 2.40%。因此，建筑行业的低碳转型对于实现全球气候控制目标具有至关重要的作用。从现实角度出发，目前世界各国建筑业尚无法实现传统建筑向零碳建筑的直接转型，需要经由低碳建筑进行经验技术积累与发展模式过渡，因此研究低碳建筑的发展之路是十分必要的。本书正是在这一背景下开展编著工作，旨在梳理低碳建筑的发展历程、现状趋势及实施路径，展示低碳建筑发展的最佳实践案例，为建筑业的低碳转型提供理论指导和实践参考。

本书从全球气候环境背景出发，阐述了全球气候变化的表现及治理工作的发展，进而引入了碳达峰、碳中和的概念及范畴，以及国际碳排放现状和碳中和趋势。研究了国内外建筑低碳发展的新趋势，包括英国的零碳住宅、德国的被动房、美国的 LEED 认证体系、日本的超级节能住宅、中国"好房子"建设与城市更新的低碳发展机遇等。

在建筑行业碳达峰碳中和的实施路径探索方面，本书从建材生产、建筑施工、建筑运行、建筑拆除等建筑全生命周期角度出发，提出建筑各生命周期阶段脱碳的关键技术和措施。此外，我们还关注了建筑碳汇的发展，介绍建筑碳汇的概念、范畴及国内外案例，为建筑的碳吸收和碳减排提供新途径。

为了进一步促进低碳建筑的发展，本书还深入探讨了市场化机制在推动低碳建筑发展中的重要作用，包括碳排放权交易机制、合格评定机制及绿色金融支持机制等。

此外，数字化技术作为新时代的创新驱动力，正深刻改变着建筑业的发展模式。本书探讨数字化技术对低碳建筑发展的作用，介绍典型数字化技术及其在低碳建筑中的应用案例，为建筑业的数字化转型和低碳发展提供技术支撑和实践指导。

　　本书通过介绍和分析国内外建筑业低碳转型理论与具体案例，较为系统地阐述了低碳建筑的发展路径，旨在成为读者深入了解低碳建筑转型发展知识的有益之书。希望各界同仁在阅读本书时不吝指正，为建筑业的绿色、低碳、健康、高质量发展群策群力，共襄盛举！

本书编委会
2025 年 3 月

目 录

第1章 建筑业低碳发展的背景 ⋯⋯⋯⋯⋯⋯⋯⋯⋯⋯⋯⋯⋯⋯⋯⋯⋯⋯ 1

1.1 全球气候环境背景 ⋯⋯⋯⋯⋯⋯⋯⋯⋯⋯⋯⋯⋯⋯⋯⋯⋯⋯⋯⋯⋯ 1
1.1.1 全球气候变化表现 ⋯⋯⋯⋯⋯⋯⋯⋯⋯⋯⋯⋯⋯⋯⋯⋯⋯⋯ 1
1.1.2 全球气候变化治理工作的发展 ⋯⋯⋯⋯⋯⋯⋯⋯⋯⋯⋯⋯⋯ 6
1.2 碳达峰碳中和概念及范畴 ⋯⋯⋯⋯⋯⋯⋯⋯⋯⋯⋯⋯⋯⋯⋯⋯⋯ 10
1.3 国际碳排放现状及碳中和进展 ⋯⋯⋯⋯⋯⋯⋯⋯⋯⋯⋯⋯⋯⋯⋯ 11
1.3.1 国际碳排放现状 ⋯⋯⋯⋯⋯⋯⋯⋯⋯⋯⋯⋯⋯⋯⋯⋯⋯⋯⋯ 11
1.3.2 国际碳中和目标及策略 ⋯⋯⋯⋯⋯⋯⋯⋯⋯⋯⋯⋯⋯⋯⋯⋯ 14
1.4 中国的碳减排承诺 ⋯⋯⋯⋯⋯⋯⋯⋯⋯⋯⋯⋯⋯⋯⋯⋯⋯⋯⋯⋯ 19
1.4.1 中国的"双碳"承诺 ⋯⋯⋯⋯⋯⋯⋯⋯⋯⋯⋯⋯⋯⋯⋯⋯⋯ 19
1.4.2 中国"双碳"目标面临的挑战 ⋯⋯⋯⋯⋯⋯⋯⋯⋯⋯⋯⋯⋯ 20
1.4.3 "双碳"目标的实现路径 ⋯⋯⋯⋯⋯⋯⋯⋯⋯⋯⋯⋯⋯⋯⋯ 21
1.5 各省市及行业指导文件梳理 ⋯⋯⋯⋯⋯⋯⋯⋯⋯⋯⋯⋯⋯⋯⋯⋯ 23
1.5.1 国家主管层面政策发布 ⋯⋯⋯⋯⋯⋯⋯⋯⋯⋯⋯⋯⋯⋯⋯⋯ 23
1.5.2 各省及央企双碳实施方案发布 ⋯⋯⋯⋯⋯⋯⋯⋯⋯⋯⋯⋯⋯ 25
1.6 国内外建筑行业用能及碳排放概况 ⋯⋯⋯⋯⋯⋯⋯⋯⋯⋯⋯⋯⋯ 29
1.6.1 国际建筑行业发展概况 ⋯⋯⋯⋯⋯⋯⋯⋯⋯⋯⋯⋯⋯⋯⋯⋯ 29
1.6.2 国际建筑行业用能及碳排放现状分析 ⋯⋯⋯⋯⋯⋯⋯⋯⋯⋯ 30
1.6.3 我国建筑行业发展概况 ⋯⋯⋯⋯⋯⋯⋯⋯⋯⋯⋯⋯⋯⋯⋯⋯ 31
1.6.4 我国建筑行业用能及碳排放现状分析 ⋯⋯⋯⋯⋯⋯⋯⋯⋯⋯ 33

第2章 国内外建筑低碳发展的新趋势 ⋯⋯⋯⋯⋯⋯⋯⋯⋯⋯⋯⋯⋯⋯ 38

2.1 概要 ⋯⋯⋯⋯⋯⋯⋯⋯⋯⋯⋯⋯⋯⋯⋯⋯⋯⋯⋯⋯⋯⋯⋯⋯⋯⋯ 38
2.2 国外低碳建筑发展 ⋯⋯⋯⋯⋯⋯⋯⋯⋯⋯⋯⋯⋯⋯⋯⋯⋯⋯⋯⋯ 39
2.2.1 英国低碳建筑发展 ⋯⋯⋯⋯⋯⋯⋯⋯⋯⋯⋯⋯⋯⋯⋯⋯⋯⋯ 39
2.2.2 德国低碳建筑发展 ⋯⋯⋯⋯⋯⋯⋯⋯⋯⋯⋯⋯⋯⋯⋯⋯⋯⋯ 40
2.2.3 美国低碳建筑发展 ⋯⋯⋯⋯⋯⋯⋯⋯⋯⋯⋯⋯⋯⋯⋯⋯⋯⋯ 41
2.2.4 日本低碳建筑发展 ⋯⋯⋯⋯⋯⋯⋯⋯⋯⋯⋯⋯⋯⋯⋯⋯⋯⋯ 42
2.3 国内低碳建筑发展 ⋯⋯⋯⋯⋯⋯⋯⋯⋯⋯⋯⋯⋯⋯⋯⋯⋯⋯⋯⋯ 43

  2.3.1 国内低碳建筑相关政策 ······ 43
  2.3.2 国内低碳建筑案例 ······ 47
 2.4 "好房子"助力建筑低碳发展 ······ 48
  2.4.1 "好房子"的定义与内涵 ······ 48
  2.4.2 "好房子"的低碳要素 ······ 49
  2.4.3 "好房子"相关实践 ······ 50
 2.5 城市更新的低碳发展新机遇 ······ 52
  2.5.1 我国城市更新相关政策 ······ 52
  2.5.2 城市更新中的低碳策略与实践 ······ 55

第3章 建筑行业碳达峰碳中和的实施路径探索 ······ 58

 3.1 概要 ······ 58
 3.2 建材生产运输阶段脱碳 ······ 59
  3.2.1 建材生产脱碳 ······ 59
  3.2.2 低碳建材应用 ······ 62
  3.2.3 绿色建材产品认证 ······ 64
  3.2.4 建材运输脱碳 ······ 65
 3.3 建筑施工阶段脱碳 ······ 65
  3.3.1 优化施工工艺与流程 ······ 66
  3.3.2 升级施工设备与能源管理 ······ 67
  3.3.3 加强施工人员培训与意识提升 ······ 67
  3.3.4 创新施工管理模式 ······ 68
  3.3.5 数字化及智能化技术应用 ······ 68
 3.4 建筑运行阶段脱碳 ······ 70
  3.4.1 建筑低碳设计 ······ 70
  3.4.2 能源替代 ······ 72
  3.4.3 推进电气化 ······ 75
  3.4.4 能效提升 ······ 76
 3.5 建筑拆除及回收阶段脱碳 ······ 79
  3.5.1 拆除方式优化 ······ 79
  3.5.2 建材回收利用 ······ 80
  3.5.3 低碳拆除设计 ······ 81
 3.6 建筑碳汇 ······ 82
  3.6.1 建筑碳汇概念与范畴 ······ 82
  3.6.2 国内外建筑碳汇案例 ······ 83
 3.7 建筑与建筑企业零碳案例 ······ 86
  3.7.1 西班牙 ACCIONA 公司 ······ 86
  3.7.2 哥本哈根大学"绿色灯塔"建筑 ······ 87

第4章 促进低碳建筑发展的市场化机制 ... 88
4.1 概要 ... 88
4.2 碳排放权交易机制 ... 89
4.2.1 碳排放权交易体系的基本概况 ... 89
4.2.2 碳排放权交易市场的分类 ... 90
4.2.3 建筑领域的碳排放权交易 ... 91
4.3 合格评定机制 ... 93
4.3.1 合格评定的基本作用 ... 93
4.3.2 低碳建筑合格评定的需求分析 ... 94
4.3.3 低碳建筑合格评定的主要形式 ... 95
4.3.4 国际低碳建筑合格评定的发展情况 ... 95
4.3.5 国内低碳建筑合格评定的发展情况 ... 97
4.4 绿色金融支持机制 ... 98
4.4.1 绿色金融支持低碳建筑发展的基本原理 ... 98
4.4.2 绿色金融支持机制的现状 ... 100
4.4.3 绿色金融支持低碳建筑发展的典型案例 ... 101

第5章 数字化技术推动低碳建筑发展 ... 103
5.1 概要 ... 103
5.2 数字化技术对低碳建筑发展的作用 ... 103
5.2.1 助力建筑全生命周期的低碳化管理 ... 103
5.2.2 推进建筑运营过程的节能减排 ... 105
5.3 典型数字化技术介绍 ... 106
5.3.1 建筑信息模型（BIM） ... 106
5.3.2 增强现实（AR） ... 107
5.3.3 物联网（IoT） ... 107
5.3.4 3D打印技术 ... 107
5.3.5 人工智能（AI） ... 108
5.4 数字化技术在低碳建筑中的应用案例 ... 108
5.4.1 BIM技术在滨海湾金沙酒店的应用 ... 108
5.4.2 物联网技术在上海绿地中环广场的应用 ... 109
5.4.3 AI技术在腾讯滨海大厦的应用 ... 110

第6章 展望 ... 111
6.1 低碳是建筑业发展的必然需求 ... 111
6.2 关注低碳企业发展的核心途径 ... 111
6.3 人才培养对低碳建筑发展的关键作用 ... 112
6.4 国际合作的有益作用 ... 112

参考文献 ... 114

第 1 章

建筑业低碳发展的背景

1.1 全球气候环境背景

随着工业化与现代化进程的不断推进,人类活动对地球气候系统的干扰愈发凸显。因温室气体排放量攀升而引发的全球变暖,随之而来的极端天气频发、生态系统恶化与海平面上升等问题日渐凸显,已然成为全球瞩目的焦点议题。气候变化问题不仅对地球自然生态系统的平衡构成严峻威胁,更对人类社会的可持续发展产生了极为深远且严重的负面影响。

1.1.1 全球气候变化表现

2024年10月,世界气象组织(World Meteorological Organization,WMO)发布的《2024年全球气候状况》(State of the Climate 2024)指出,2023年大气中二氧化碳(CO_2)、甲烷(CH_4)和氧化亚氮(N_2O)等温室气体浓度创历史新高,致使未来多个年份地球温度还将持续上升。2024年7月,中国气象局气候变化中心组织编制的《中国气候变化蓝皮书(2024)》显示,气候系统变暖趋势在持续。2023年,全球平均温度、海洋热含量和海平面高度均创新高,南极海冰范围再创新低;中国是全球气候变化的敏感区和影响显著区。气候变化的表现主要体现在如下四个方面。

1. 全球变暖趋势仍在持续

2023年全球地表平均温度为自1850年有气象观测记录以来的最高值,最近10年(2014~2023年)全球平均温度较工业化前水平(1850~1900年平均值)高出约1.2℃。2023年,亚洲陆地表面平均气温较常年值(本报告使用1991~2020年气候基准期)偏高0.92℃(图1-1),是1901年以来第二高值。2023年,中国地表年平均气温较常年值偏高0.84℃,为1901年以来的最暖年份(图1-2)。

根据联合国政府间气候变化专门委员会(Intergovernmental Panel on Climate Change,IPCC)的报告,人类活动是导致全球变暖的主要原因,尤其是人类活动造成的CO_2等温室气体的排放。

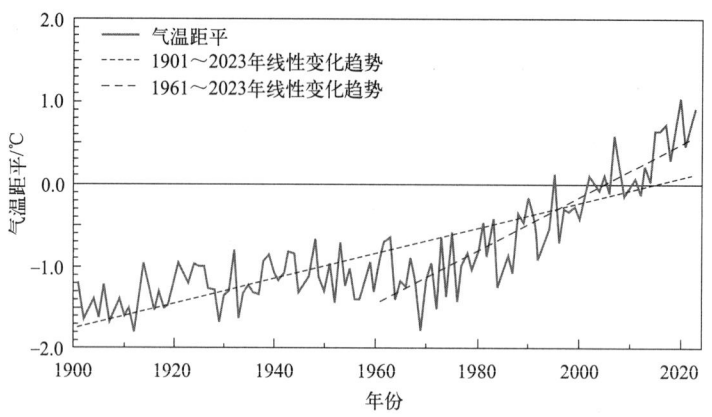

图1-1　1901～2023年亚洲陆地表面年平均气温距平（相对于1991～2020年平均值）
注：数据来源为中国气象局气候变化中心编制的《中国气候变化蓝皮书（2024）》

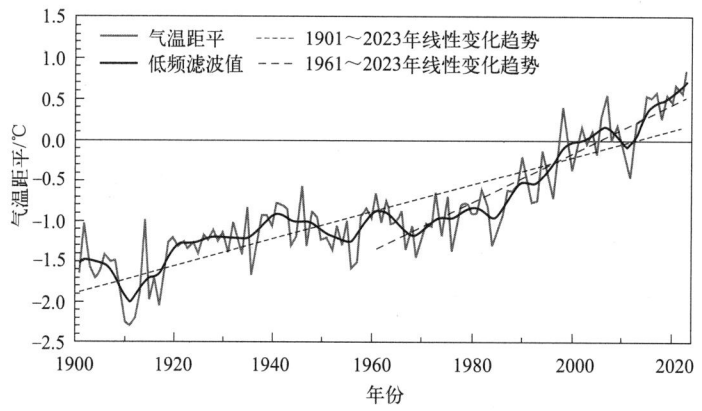

图1-2　1901～2023年中国地表年平均气温距平（相对于1991～2020年平均值）
注：数据来源为中国气象局气候变化中心编制的《中国气候变化蓝皮书（2024）》

联合国环境规划署（United Nations Environment Programme，UNEP）于2024年10月发布的《2024年排放差距报告：停止空谈》（Emissions Gap Report 2024：No more hot air … please！）指出，目前的气候政策将导致全球平均气温在20世纪末较前工业化时期上升超过3℃，这一数字是2015年《巴黎协定》设定的全球气温上升幅度目标的两倍多。这份报告将各国应对气候变化的承诺与实际情况比较得出，如果各国政府不采取更多行动减少温室气体排放，到2100年，全球气温将比前工业化时期水平高出3.1℃。

2. 全球主要温室气体浓度逐年上升

根据联合国通过的《京都议定书》及其多哈修正案，温室气体主要包括二氧化碳（CO_2）、甲烷（CH_4）、氧化亚氮（N_2O）、六氟化硫（SF_6）、氢氟碳化物（HFCs）、全氟碳化物（PFCs）、三氟化氮（NF_3）7种气体，这些气体使大气的保温作用增强，从而使全球温度升高。其原理是，太阳发出的短波辐射透过大气层到达地面，而地面增暖后反射出的长波辐射却被这些温室气体吸收。大气中的温室气体不断增多，就好像给地球裹上了一层厚厚的被子，使地表温度逐渐升高。

WMO 发布的 2024 年度《世界气象组织温室气体公报》（WMO Greenhouse Gas Bulletin）显示，2023 年期间，来自大规模植被火灾的 CO_2 排放和森林碳吸收的减少，加上人类活动和工业活动造成的化石燃料 CO_2 排放量居高不下，推动了温室气体浓度上升。2023 年，全球平均地表 CO_2 浓度达到 420.0×10^{-6}，CH_4 浓度达到 1934×10^{-9}，N_2O 浓度达到 336.9×10^{-9}，这些数值分别是工业化前（1750 年前）水平的 151%、265% 和 125%。

2022 年，全球大气平均 CO_2、CH_4 和 N_2O 体积浓度分别为 $417.9\pm0.2\times10^{-6}$、$1923\pm2.0\times10^{-9}$ 和 $335.8\pm0.1\times10^{-9}$，均达到有观测记录以来的最高水平。中国青海瓦里关大气本底站温室气体浓度呈上升趋势。1990～2022 年，瓦里关大气本底站 CO_2 浓度逐年上升；2022 年，瓦里关大气本底站大气 CO_2、CH_4 和 N_2O 的年平均浓度分别达到 $419.3\pm0.2\times10^{-6}$、$1979\pm0.6\times10^{-9}$ 和 $336.5\pm0.2\times10^{-9}$，与北半球平均浓度大体相当，均略高于 2022 年全球平均值。

3. 极端天气气候事件趋多趋重

2023 年，全球多地经历了创纪录的高温天气，伴随破纪录的高温，这一年全球各地经历了大量的极端气候事件，包括热浪、极端降水、旱涝急转、野火、沙尘暴等。美国和加拿大在 2024 年经历了极端高温，印度的极端高温也打破了历史纪录。1961～2023 年，中国平均年降水量呈增加趋势，平均每 10 年增加 5.2mm（图 1-3）。中国极端高温和极端强降水事件趋多趋强（图 1-4、图 1-5），20 世纪 90 年代后期以来登陆中国台风的平均强度波动增强。

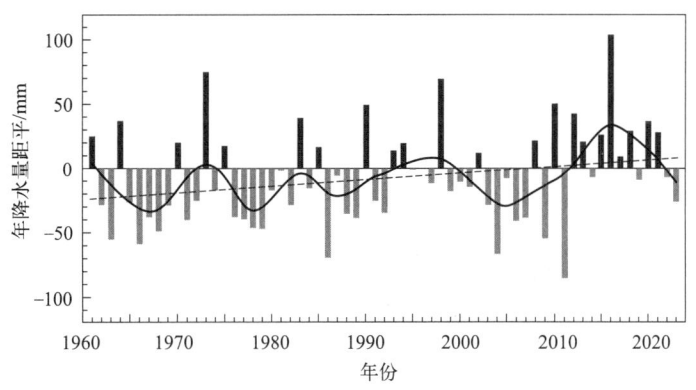

图 1-3　1961～2023 年中国平均年降水量距平（点线为线性变化趋势线）
注：数据来源为中国气象局气候变化中心编制的《中国气候变化蓝皮书（2024）》

IPCC 第六次气候变化评估报告（IPCC AR6 报告）指出，未来地表每 0.5℃ 的增暖都会显著改变全球大部分地区极端天气与气候事件的频率和强度，包括极端温度、极端降水、台风、干旱等。平均而言，极端降水强度随全球变暖的增幅约为 7%/℃，但会根据增暖以及环流变化会产生一定的区域差异。这将使得极端天气气候事件对全球气候变化的影响更加显著，形成一个恶性循环，不断加剧全球气候系统的不稳定性和极端性。

当前，全球升温引起的极端气候问题正在涌现出来新特征，如极端高温事件发生时间提前，包括欧洲西南部、北非、东南亚、巴西等在内的许多地区在 2023 年春季发生了极

筑绿未来：低碳建筑的发展之路

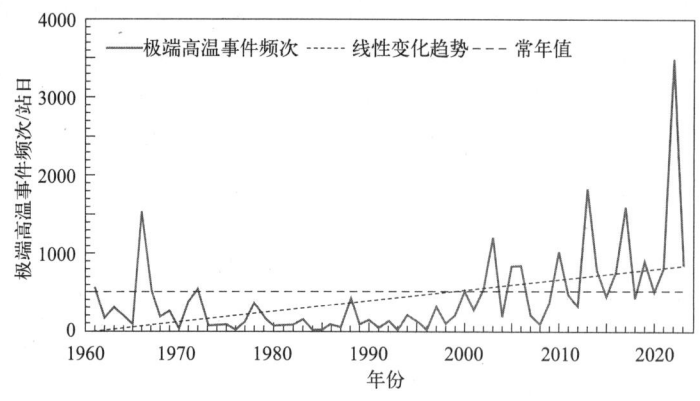

图1-4　1961～2023年中国极端高温事件频次
注：数据来源为中国气象局气候变化中心编制的《中国气候变化蓝皮书（2024）》

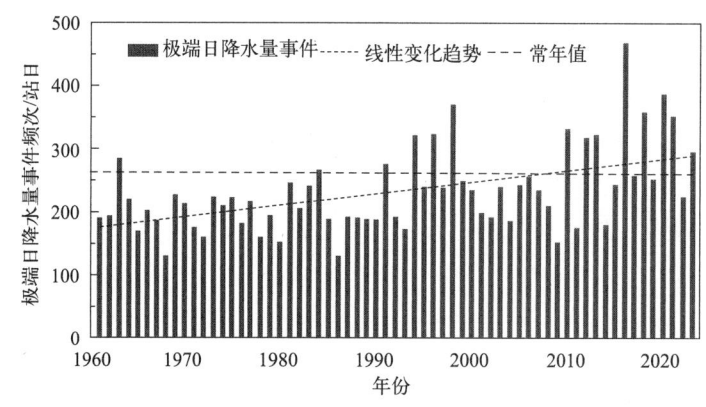

图1-5　1961～2023年中国极端日降水量事件频次
注：数据来源为中国气象局气候变化中心编制的《中国气候变化蓝皮书（2024）》

端高温（甚至可达40℃以上）；对于极端降水而言，强气旋带来的强烈水汽输送极大加剧了极端降水的强度；极端事件的季节性变化，现在它们有可能出现在往常不太可能出现的季节；旱涝急转在内的极端事件复合性特征也需要关注，其往往比极端事件单独发生有更大的影响。此外，通过在暖干气候下的大范围野火等事件，极端气候与生态系统的相互作用在增强，野火产生的碳排放及其对自然碳汇的破坏，是实现全球碳中和目标中不容忽视的问题。这些问题都对极端事件研究提出了新的挑战。

4. 全球海洋变暖显著加速

海洋变暖是全球气候变化的重要表现之一，背后涉及一系列复杂的环境、气候与物理过程。1958～2023年，全球海洋（上层2000m）热含量呈显著增加趋势，且海洋变暖在20世纪90年代以来显著加速；2023年，全球海洋热含量再创新高（图1-6）。全球平均海平面呈持续上升趋势，2023年达到有卫星观测记录以来的最高位。1993～2023年，中国沿海海平面上升速率为4.0mm/年，高于同时段全球平均水平（3.4mm/年）。2023年，中国沿海海平面较1993～2011年平均值偏高72mm，总体呈加速上升趋势（图1-7）。

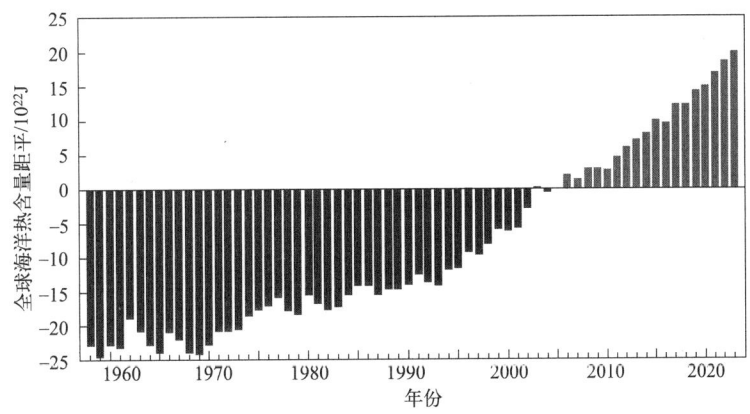

图1-6 1958～2023年全球海洋热含量（上层2000m）距平变化
注：数据来源为中国气象局气候变化中心编制的《中国气候变化蓝皮书（2024）》

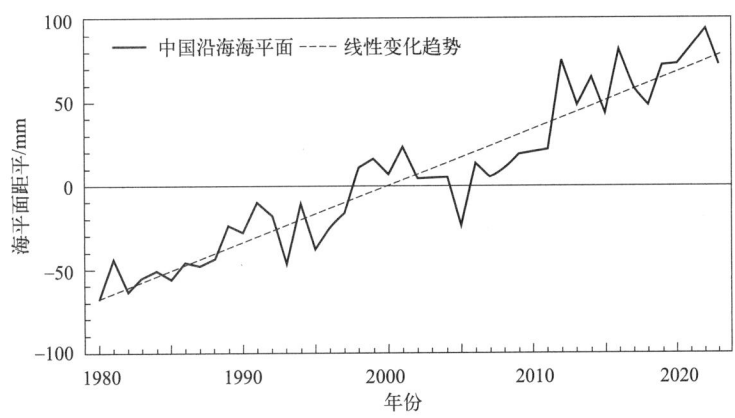

图1-7 1980～2023年中国沿海海平面距平（相对于1993～2011年平均值）
注：数据来源为中国气象局气候变化中心编制的《中国气候变化蓝皮书（2024）》

其中，全球变暖是海洋变暖的核心驱动因素，而全球变暖本身是由人类活动引发的温室效应所导致。WMO发布的《2024年全球气候状况》（State of the Climate 2024）报告显示，海洋吸收了全球气候变暖所产生的约90%的额外热量。2024年9月30日，欧盟哥白尼海洋环境监测服务（Copernicus Marine Service）发布了《海洋状态报告》（Ocean State Report 8，OSR 8）显示，过去20年里，全球海洋变暖速率从0.58W/m²增至1.05W/m²，海洋变暖速率接近翻了一倍。除了人类活动导致的长期全球变暖外，自然气候现象如厄尔尼诺也在加剧海洋变暖。厄尔尼诺是指赤道太平洋东部和中部海域的海水温度异常升高的现象，它每隔2～7年发生一次。厄尔尼诺不仅影响了太平洋地区的海水温度，还通过复杂的气候系统与全球气候相互作用，导致其他海域的气候和温度波动加剧。当厄尔尼诺现象与人为导致的全球变暖叠加时，海洋表面温度上升的速度和幅度显著增加，这一叠加效应加剧了全球变暖的复杂性，使得气候系统更加难以预测和调控。

海洋变暖不仅改变了海水的物理特性，还对全球气候系统、生态平衡和海洋化学产生了一系列负面影响，海洋变暖的这些后果不是孤立发生的，而是相互联系、逐层展开的，也即"级联效应",包括冰雪加速融化、海平面上升、海洋热浪、海洋酸化、影响全球洋流运动等表现。

1.1.2 全球气候变化治理工作的发展

1.1.2.1 全球气候变化治理的理论框架

全球气候变化治理是指以《联合国气候变化框架公约》及该框架下的《京都议定书》和《巴黎协定》等为核心制度安排,以国家行为体为主导,为应对由人类活动造成的气候变化及其不利影响而展开的能动过程。就全球气候变化治理制度体系而言,自20世纪90年代初以来已有逾30余年的发展历程,并形成了完善的以《联合国气候变化框架公约》《京都议定书》《巴黎协定》为核心的制度框架(图1-8),为全球应对气候变化的集体行动设定了价值、原则、目标、机制和模式。

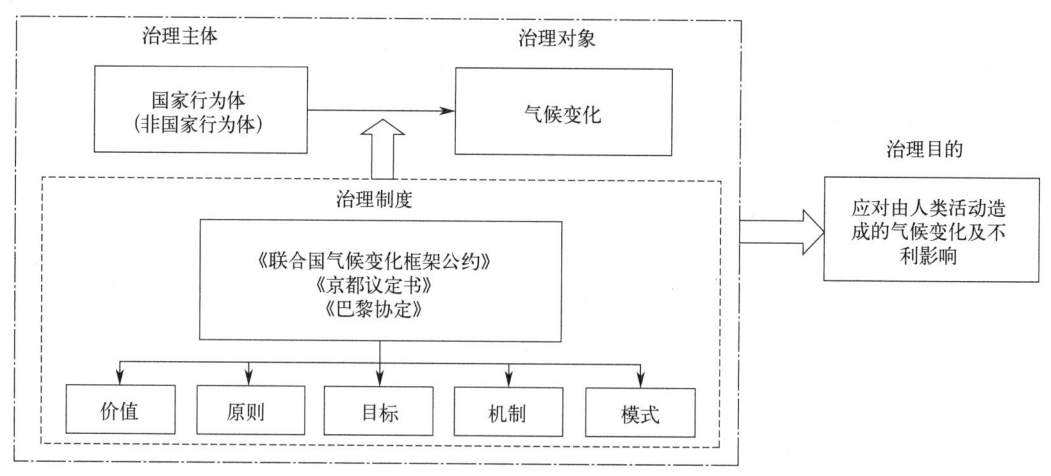

图1-8 全球气候变化治理框架

1.《联合国气候变化框架公约》(UNFCCC)的签署

1992年6月,在巴西里约热内卢举行的联合国环境与发展大会(United Nations Conference on Environment and Development,UNCED)上由154个国家和地区共同签署通过了《联合国气候变化框架公约》(United Nations Framework Convention on Climate Change,UNFCCC),并于1994年3月21日生效。NUFCCC是世界上第一个为全面控制CO_2等温室气体排放,应对全球气候变暖给人类经济和社会带来不利影响的国际公约,作为制度性起点,对其后一系列协议或协定形成了约束,影响并决定了全球气候变化治理发展的方向;同时,也是国际社会在应对全球气候变化问题上进行国际合作的一个基本框架,奠定了应对气候变化国际合作的法律基础。NUFCCC明确提出将大气中的温室气体浓度稳定在一个水平,防止气候系统受到危险的人为干扰。这一水平应当在足以使生态系统能够自然地适应气候变化、确保粮食生产免受威胁并使经济发展能够可持续地进行的时间范围内实现。同时,确立了"共同但有区别的责任"原则、公平原则、各自能力原则和可持续发展原则等五项原则,与"区别责任"相比,NUFCCC更强调"共同责任"。

UNFCCC 提出了三点缔约方义务与行动，包括：其一，国家自主贡献。UNFCCC 要求所有国家制定、定期更新，并向联合国提交应对气候变化的"国家自主贡献"（Nationally Determined Contributions，NDCs），以实现全球温控目标；其二，减排与适应。各缔约方应采取必要措施，预测、防止和减少引起气候变化的因素，并适应气候变化的影响；其三，资金与技术支持。发达国家应向发展中国家提供资金和技术支持，帮助它们应对气候变化。但是 NUFCCC 只是一种原则性规定，并未设立具体的减排目标，不具有法律强制约束力，尽管许多国家都承诺减少温室气体排放，但全球的排放量仍在持续增加，无法应对日益严峻的全球气候问题，为后续的气候谈判埋下了伏笔。

2. 《京都议定书》的签署

为了确定 UNFCCC 的法律效力，设定具体的减排目标，从而更进一步应对全球气候变化问题，多方开始新一轮谈判。在温室气候种类的问题上，美国为了最大限度削弱减排对自身发展产生的影响，与其他国家要求的首先将二氧化碳（CO_2）、甲烷（CH_4）、氧化亚氮（N_2O）确立为减排气体不同，而是强烈要求将氢氟碳化物（HFCs）、全氟碳化物（PFCs）、六氟化硫（SF_6）三种气体也确立为减排范围；在减排方式问题上，欧盟主张实施国内强制减排，美国则反对设定国别的减排目标，希望引入灵活减排机制，采取市场化的减排方式。经各方多次博弈，各国意识到需要一项具有法律约束力的国际协定，以确保达到减排目标。

故在 1997 年 12 月 11 日于日本京都举行的第三次缔约国大会（COP3）上，149 个国家和地区的代表通过了旨在限制发达国家温室气体排放量以抑制全球变暖的全球第一份具有法律约束的气候协议——《京都议定书》（以下简称《议定书》），《议定书》于 2005 年 02 月 16 日正式生效。《议定书》中要求，2008～2012 年间，全球主要工业国家的二氧化碳（CO_2）、甲烷（CH_4）、氧化亚氮（N_2O）、氢氟碳化物（HFCs）、全氟碳化（PFCs）和六氟化硫（SF_6）6 种主要温室气体排放量在 1990 年的基础上平均减少 5.2%。此外，《议定书》建立了旨在减排温室气体的三种"灵活机制"——国际排放贸易机制（International Emission Trading，IET）、联合实施（Joint Implementation，JI）和清洁发展机制（Clean Development Mechanism，CDM），其中，清洁发展机制的实施还极大增强了发展中国家应对气候变化问题的意识和决心，促使发展中国家主动参与到发达国家的减排行动之中。

《议定书》是人类历史上首次以法规的形式限制温室气体的排放，《议定书》强化了"共区"原则，确立了一种强规定性的"自上而下"的治理模式，对发达国家的温室气体减排作出明确的量化要求，在一定时期内免除发展中国家的减排义务，并且明确规定发达国家要为发展中国家的减排行动提供资金和技术援助，具有显著的进步意义。

3. 《巴黎协定》的签署

自 1992 年 UNFCCC 和 1997 年《议定书》签署以来，国际气候治理取得了一定进展，但仍存在诸多局限。例如，虽然"共区"原则在《议定书》当中得到强化，但发达国家一直对过分强调"区别责任"、弱化"共同责任"感到不满。不少国家逐渐退出《议定书》，且美国并未批准该《议定书》，全球气候治理面临集体行动困境，使得其影响力大打折扣，

《议定书》的第二承诺期难以兑现。因此，国际社会需要一项新的、更具包容性和约束力的国际协议来推动全球气候治理。

2015年12月，《巴黎协定》在法国巴黎举行的第二十一次缔约方大会（COP21）上表决通过，2016年4月22日由包括中国在内的全球178个缔约方共同签署，2016年11月4日《巴黎协定》正式生效实施。《巴黎协定》首次在法律意义上明确了气候治理的"硬指标"，提出将全球平均气温升幅控制在工业化前水平以上2℃以内，并努力将气温升幅限制在工业化前水平以上1.5℃以内；此外，《巴黎协定》开创性地确立了以国家自主贡献为核心的"自下而上"的减排新模式，在重申"共区"基础上，兼顾各国减排实力、减排意愿和减排责任，要求各国根据本国国情自主做出碳减排的具体贡献承诺。

《巴黎协定》在坚持"共区"原则的基础上对其进行了新的补充：强调发展中国家也要在其能力范围内承担起责任。这也就意味着发展中国家在未来将会面临更多的减排责任与减排压力；在动态监督方面，《巴黎协定》要求各缔约方定期更新国家自主贡献承诺，并且建立了全球盘点机制，2023年进行第一次全球总结，之后每五年进行一次。《巴黎协定》也成为人类历史上应对气候变化的第三个里程碑式的国际法律文本，奠定了2020年后全球气候治理格局的基础，它的签署标志着全球气候治理进入了一个新阶段。

1.1.2.2 全球气候治理面临的合作困境

1. 全球气候治理制度机制不完善

目前来看，当前的全球气候治理领域缺乏具有普遍约束力的国际制度，主要表现在缺乏强有力的惩罚约束机制和具体有效的实施机制，全球气候治理制度机制亟待完善。

2. 发达国家与发展中国家在"共区"原则上存在争议

"共区"原则在UNFCCC中予以正式确立，并作为国际气候合作的根本性原则一直沿用至今。但长期以来，发达国家和发展中国家存在诸多矛盾分歧，主要表现在减排责任的承担、资金与技术的援助力度等方面。这根本上是由于发达国家和发展中国家在"共区"原则上存在争议造成的，发达国家意图淡化这一根本性原则，片面强调共同责任，认为气候变化是一个全球性的问题。而发展中国家作为当前的碳排放大户，也应该承担减排责任。发达国家和发展中国家在"共区"原则上的对立，会是一个长期存在的问题，必然会对全球合作应对气候变化的进程产生阻碍。

3. 传统发达国家的领导决心不足

大国领导决心在全球气候治理的合作进程中发挥着十分关键的作用，是治理行动有序开展的重要条件。但是传统发达国家在当前全球气候治理中存在大国领导决心不足的问题，导致全球气候治理缺乏动力与持续性。美国的气候政策呈现出明显的周期性摇摆，美国在全球气候治理进程中的多次言而无信，已经严重损害了国际社会对其气候政策连续性的信心。其欧盟自2008年金融危机爆发后，过激的气候政策日益受到各国质疑，其政策的可持续性亦充满变数。作为曾经气候变化控制的积极倡导者与先行者，欧盟在全球气候治理中的领导地位日渐弱化。形成鲜明对比的是，以中国为代表的发展中国家应对气候变化的务实路线，这种务实路线基于合作与共赢，相信未来会成为国际社会应对气候变化合作的重要基石。

1.1.2.3 全球气候变化治理的推动机制

1. 多边合作机制的加强

2021年11月,在英国格拉斯哥举行的第二十六届缔约方大会(COP26)上,各国回顾了自2015年《巴黎协定》签署之后的进展,解决巴黎峰会的各项遗留问题,总结失败教训。COP26的首要任务是让各国在2050年左右实现全球净零排放、2030年前加大减排力度和速度做出承诺。

2023年11月30日~12月12日,在阿联酋迪拜举行的第二十八届缔约方大会(COP28)上,各国就《巴黎协定》首次全球盘点、减缓、适应、资金、损失与损害、公正转型等多项议题达成"阿联酋共识"。大会强调了能源转型和技术创新的重要性,推动全球气候治理向更务实、更具体的行动转变。

2024年11月11日~22日,在阿塞拜疆首都巴库举行的第二十九届缔约方大会(COP29)上,设立了新的气候融资集体量化目标(New Collective Quantified Goal on Climate Finance,NCQG),即到2035年,由发达国家牵头,每年至少筹集3000亿美元的资金目标,以及每年至少1.3万亿美元的气候融资目标,以支持发展中国家的气候行动。

2. 发达国家与发展中国家的合作

首先,发达国家在历史上对温室气体排放负有主要责任,根据UNFCCC和《巴黎协定》,发达国家有义务向发展中国家提供资金支持,帮助其应对气候变化。然而,发达国家在资金承诺的兑现上存在不足。2009年哥本哈根气候变化大会上,发达国家承诺到2020年每年向发展中国家提供1000亿美元的气候资金,直到2022年才首次实现这一目标。其次,技术转让是发展中国家应对气候变化的关键。UNFCCC明确要求发达国家向发展中国家转让气候技术。近年来,通过多边和双边合作,一些技术转让项目得以实施。

3. 南南合作的推进

中国作为最大的发展中国家,积极参与并推动南南合作。2015年,习近平主席在联合国气候变化巴黎大会上宣布了支持发展中国家的新举措,包括启动在发展中国家开展10个低碳示范区、100个减缓和适应气候变化项目及1000个应对气候变化培训名额的合作项目(简称应对气候变化南南合作"十百千"项目)。

中国通过多种方式支持其他发展中国家应对气候变化。例如,中国-埃塞俄比亚/斯里兰卡可再生能源技术转移三方南南合作项目,支持埃塞俄比亚和斯里兰卡制定了5个省级能源发展计划,建立了2个联合研究与推广中心以及7个可再生能源技术示范点。此外,中国还实施了应对气候变化南南合作"非洲光带"项目,未来3年至少提供约1亿元人民币,助力非洲5万户无电贫困家庭解决用电照明问题。

4. 技术创新与市场机制

全球范围内,各国在可再生能源、储能技术、碳捕集与封存(CCUS)等领域的技术创新不断取得进展。中国在太阳能、风能等可再生能源技术领域取得了显著成就,成为全球最大的可再生能源投资国和生产国。

碳市场作为一种有效的市场机制,逐渐在全球范围内推广。中国于2021年7月启动了全国碳排放权交易市场，覆盖电力、钢铁、水泥等重点行业，成为全球规模最大的碳市场。欧盟的碳排放交易体系（EU-ETS）也在不断优化和扩展，推动了欧洲各国的减排行动。

1.2 碳达峰碳中和概念及范畴

气候变化是全球性挑战，对生态系统、经济发展和社会稳定构成严重威胁。在全球气候变化的大背景下，全球碳中和目标已成为全球各国共同关注的重大议题。截至2024年5月，全球已有151个国家（包含承诺通过碳抵消机制实现的荷兰、挪威和实现负碳的不丹）明确提出碳中和目标，120个国家以法律或政策文件的形式确立了目标的法律地位，86个国家提出了详细的碳中和路线图。从气候目标向气候行动的焦点转移成为新趋势。其中，欧盟、英国、德国等发达国家和地区已将碳中和目标写入法律，部分国家和地区已实现碳达峰；中国、巴西、阿根廷等国家将其纳入新的自主贡献方案，正式提交联合国气候变化框架公约秘书处。2024年11月24日，UNFCCC第二十九次缔约方大会（COP29）达成了名为"巴库气候团结契约"的一揽子成果，包括2025年后气候资金目标及相关安排，以及《巴黎协定》第六条下国际碳市场机制的一致意见，标志着全球绿色低碳转型大势的进一步巩固。

中国作为世界上最大的发展中国家，积极承担国际责任，致力于应对气候变化，推动全球气候治理。2020年9月22日，中国国家主席习近平在第75届联合国大会一般性辩论上郑重宣示，中国力争于2030年前实现碳达峰、努力争取2060年前实现碳中和。作为中国的重大战略决策，碳达峰碳中和（简称"双碳"）不仅是中国主动承担应对气候变化责任，对国际社会做出的庄严承诺，也是推动中国高质量发展的内在要求，将为中国经济社会发展全面绿色转型以及全球应对气候变化注入强劲动力。

自此以后，"碳达峰""碳中和"成为各路媒体的热词和全社会关注的焦点，政府、学术界、工业界等对"碳达峰""碳中和"实践展开积极的研究。

"碳达峰"是指全球、国家、城市、企业等主体在一定时间内（如一年）的CO_2排放量达到历史最高峰，然后经历平台期进入持续下降的过程。这是CO_2排放量由增转降的历史拐点，标志着碳排放与经济发展实现脱钩。达峰目标通常包括达峰年份和峰值。

"碳中和"是指全球、国家、城市、企业等主体，在一定时间内直接或间接产生的CO_2或温室气体排放总量，通过植树造林、节能减排等形式，以抵消自身产生的CO_2或温室气体排放量，实现正负抵消，达到相对"零排放"。

"碳达峰""碳中和"目标可以设定在全球、国家、城市、企业活动等不同层面。对于"双碳"中的"碳"，狭义上指CO_2排放，广义也可指所有温室气体排放。根据中国气候变化事务特使解振华在2021年"全球绿色复苏与ESG投资机遇"论坛北京峰会上所做的说明，我国2030年"碳达峰"中的"碳"是指CO_2，即2030年要实现CO_2达峰，而2060年"碳中和"中的"碳"则涵盖全部温室气体，也即2060年要实现全部温室气体排放的中和。

1.3 国际碳排放现状及碳中和进展

1.3.1 国际碳排放现状

1. 全球碳排放趋势

自21世纪初以来,全球温室气体排放量一直呈上升趋势,这主要是由于中国和其他新兴经济体的排放量增加。因此,温室气体在大气中的浓度显著增加,增强了自然温室效应。根据欧盟联合研究中心(Joint Research Centre,JRC)机构下全球大气排放数据库(Emissions Database for Global Atmospheric Research,EDGAR)发布的《GHG emissions of all world countries-2024》,2023年全球温室气体排放量达到$53.0GtCO_2e$(不包括土地利用、土地利用变化和林业),2023年的数据为有记录以来的最高水平(表1-1),与2022年的水平相比增加了1.9%(即$994MtCO_2e$)。如图1-9所示,2023年大多数温室气体排放由化石燃料二氧化碳(CO_2)构成,占总排放量的73.7%,而甲烷(CH_4)贡献了总排放量的18.9%,氧化亚氮(N_2O)贡献了4.7%,含氟气体贡献了2.7%。1990~2023年,全球化石燃料CO_2排放量增加了72.1%,CH_4增加了28.2%,N_2O增加了32.4%,而同一时期含氟气体的排放量增加了4倍(+294%)。

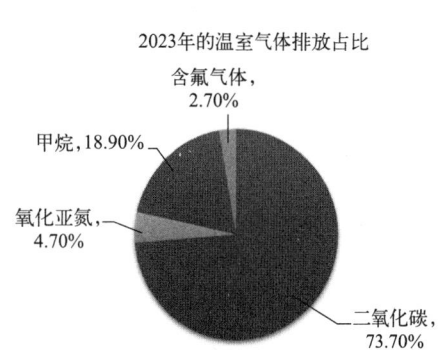

图1-9 2023年全球温室气体排放占比
注:数据来源为JRC发布的
《GHG emissions of all world countries-2024》

1990年起关键时期全球温室气体排放量及人均温室气体排放量统计数据 表1-1

年份	温室气体排放量 $MtCO_2e$/年	人均温室气体排放量 tCO_2e/年
2023	52962.901	6.594
2015	48808.767	6.613
2005	41296.885	6.314
1990	32726.228	6.140

注:数据来源为JRC发布的《GHG emissions of all world countries-2024》

在UNFCCC的框架下,各国正在制定国家温室气体排放清单,并提出/实施减缓温室气体排放的行动,但化石燃料CO_2排放量在世界范围内仍在增加,这是全球温室气体排放的主要贡献者。

根据国际能源署(International Energy Agency,IEA)发布的《CO_2 Emissions in 2023》数据显示,2023年全球能源相关的CO_2排放继续攀升,增加了4.1亿tCO_2,较2022年增长1.1%,达到374亿tCO_2的历史新高,燃煤排放占增量的65%,异常干旱的天气影响了水电出力,导致能源相关CO_2排放量有所增加;然而,由于全球光伏、风电装机增长和电动汽车数量的增加，2023年碳排放增幅低于2022年（1.3%）。CO_2排放量远未达到《巴黎协定》设定的全球气候目标所要求的快速下降，而是呈现持续增长趋势（图1-10），在2023年下降约4.5%后，发达经济体的排放量低于1973年的水平（图1-11），究其原因，首先是因为发达经济体的排放量自2007年以来一直处于结构性下降；其次，发达经济体的国内生产总值（GDP）在2023年增长了约1.7%，而其他时期则停滞不前或直接陷入衰退。因此，2023年的减排是发达经济体在衰退期以外的最大百分比减排。

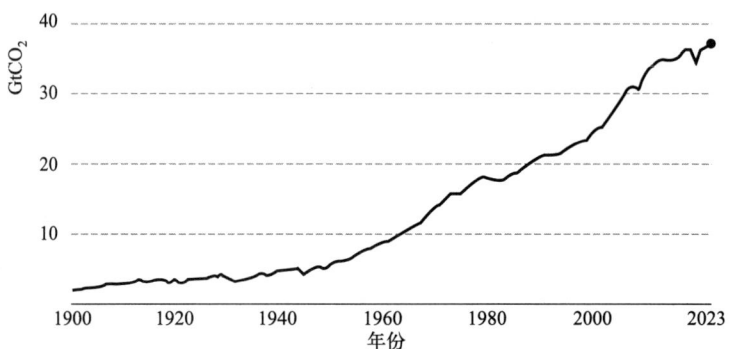

图1-10　1900~2023年全球与能源相关的CO_2年度变化情况

注：数据来源为IEA发布的《CO_2 Emissions in 2023》

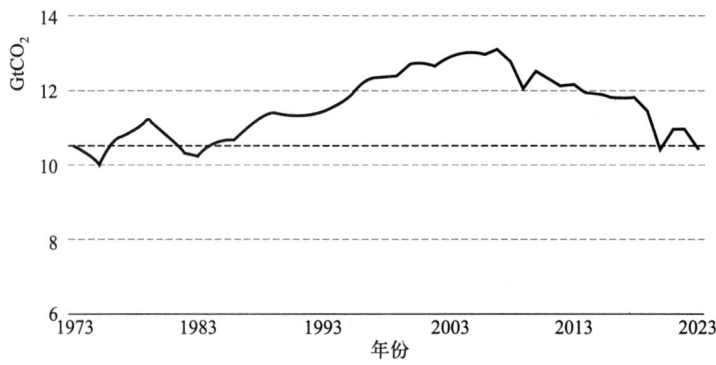

图1-11　1973~2023年发达经济体燃烧产生的CO_2排放量年度变化

注：数据来源为IEA发布的《CO_2 Emissions in 2023》

2. 主要排放国家

根据JRC发布的《GHG emissions of all world countries-2024》，2023年，在全球排放量占比超过1%的17个国家和地区中，中国、美国、印度、欧盟27国、俄罗斯和巴西是全球最大的温室气体排放国，占全球温室气体排放量的62.7%（表1-2、图1-12）。有6个国家和地区的温室气体排放总量在2023年比2022年有所下降，包括美国（-1.4%）、欧盟27国（-7.5%）、日本（-6.0%）、韩国（-2.2%）、德国（-10.5%）和巴基斯坦（-0.7%）；其他主要排放国在2023年的温室气体排放量均有所上升，如中国、印度、俄罗斯和巴西，其中印度的相对增幅最大（+6.1%），其次是中国的5.2%和印度尼西亚的4.1%，中国的绝对增幅最大（784$MtCO_2e$）。

第1章 建筑业低碳发展的背景

2023年温室气体排放量及绝对值和相对变化（对于占全球温室气体排放量1%以上的国家）

表1-2

国家	2023年排放量（MtCO₂e）	占全球的份额（%）	2023年排放量变化值(MtCO₂e)	2023年排放变化占比（%）
全球	52962.9	—	994.4	1.9%
中国	15944	30.1%	784.3	5.2%
美国	5960.8	11.3%	−85.4	−1.4%
印度	4133.6	7.8%	236.3	6.1%
欧盟27国(EU27)	3221.8	6.1%	−260.5	−7.5%
俄罗斯	2672.0	5.0%	50.5	1.9%
巴西	1300.2	2.5%	1.7	0.1%
印度尼西亚	1200.2	2.3%	47.5	4.1%
日本	1041.0	2.0%	−66.6	−6.0%
伊朗	996.8	1.9%	36.3	3.8%
沙特阿拉伯	805.2	1.5%	18.2	2.3%
加拿大	747.7	1.4%	2.4	0.3%
墨西哥	712.1	1.3%	24.6	3.6%
德国	681.8	1.3%	−80.2	−10.5%
韩国	653.8	1.2%	−14.5	2.2%
土耳其	606.4	1.1%	7.6	1.3%
澳大利亚	571.8	1.1%	2.8	0.5%
巴基斯坦	532.4	1.0%	−3.7	−0.7%
国际航运	746.9	1.4%	7.9	1.1%
国际航空	498.2	0.9%	81.2	19.5%

注：数据来源为JRC发布的《GHG emissions of all world countries-2024》。

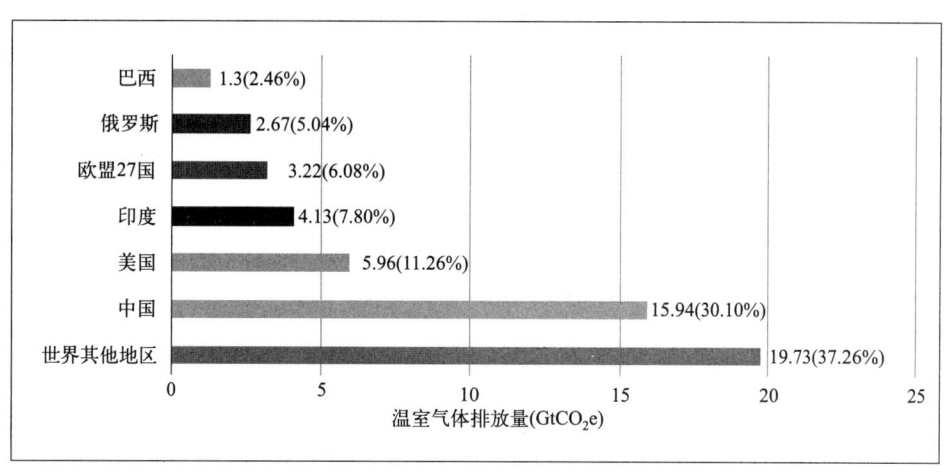

图1-12　2023年六大温室气体排放经济体和世界其他地区的温室气体排放量贡献

注：数据来源为JRC发布的《GHG emissions of all world countries-2024》

从1970年到2023年，欧盟27个成员国和世界其他五个最大的温室气体排放国（中国、美国、印度、俄罗斯和巴西）的年度温室气体排放总量变化趋势如图1-13所示。

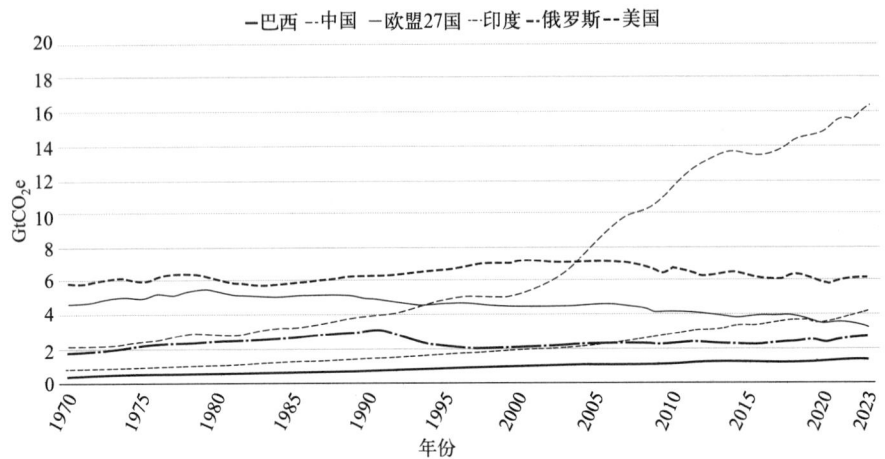

图1-13　1970~2023年高排放经济体的温室气体排放总量和不确定性（95%置信区间，单位GtCO₂e）

注：数据来源为JRC发布的《GHG emissions of all world countries-2024》

根据IEA发布的《CO_2 Emissions in 2023》，中国的CO_2排放量继续位居全球首位，达到126亿tCO_2，约占全球排放量的34%。自2020年超过发达经济体的排放总和后，到2023年已高出其15%。美国位居第二，排放量约为49亿tCO_2，占全球的13%，但排放量持续下降。印度于2023年超越欧盟，位居第三，排放量为28亿tCO_2，占全球的7%。亚洲发展中国家碳排放的全球占比从2015年的约占2/5升至2023年的约占1/2。

3. 碳排放行业分布

根据JRC发布的《GHG emissions of all world countries-2024》，电力、工业燃烧和过程、交通和建筑是碳排放的主要行业。电力和工业行业是碳排放的最大来源，尤其是燃煤发电和工业生产过程中的化石燃料使用。交通行业的碳排放也在不断增加，尤其是汽车和航空运输。建筑行业（全产业链）因建筑材料的生产、建筑施工和建筑运行过程中的能源消耗，是碳排放的重要源头。

2023年各国的国民经济部门排放量都有所增加，其中运输部门的排放量增幅最大（图1-14），无论是相对量（+3.7%）还是绝对量（301$MtCO_2$e），与1990年相比，电力增幅最大（+96%）。

1.3.2　国际碳中和目标及策略

1.3.2.1　国际碳中和目标的提出

碳中和是抑制全球气候变暖的根本路径，也是当前各国气候行动的根本目标。自2015年《巴黎协定》签署以来，各国根据本国国情自主作出碳减排的具体贡献承诺，截至2024年5月，全球已有151个国家作出了碳中和承诺。90%的国家将实现碳中和实现年份设定在2050年或2050年以后，全球有12个国家承诺在2050年前实现碳中和，代表

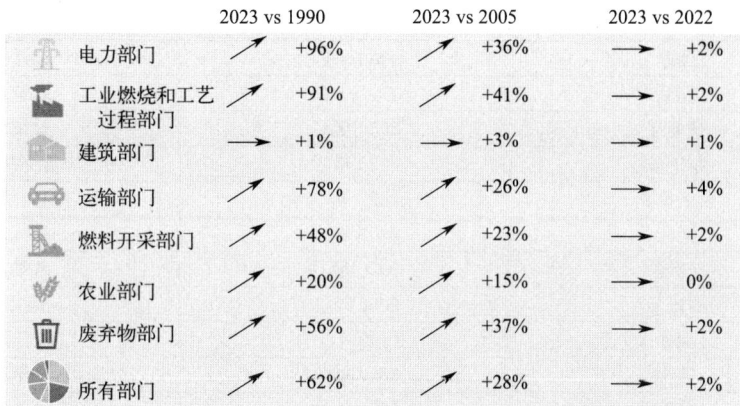

图 1-14　代表年份全球各部门温室气体排放量相对值对比图

注：数据来源为 JRC 发布的《GHG emissions of all world countries-2024》

性国家碳中和目标日期及承诺机制见表 1-3。151 个国家的碳中和目标，又可以划分为净零 CO_2 排放、净零温室气体排放、气候中性三种不同类型。其中，气候中性是指考虑区域或局部地球物理效应，希望本国活动对气候系统不会产生净影响，是最为严苛的碳中和目标。设定以上三种碳中和目标的国家占比分别为 15%、75% 和 10%。目前承诺气候中性碳中和目标的国家主要为发达国家，且绝大部分为欧盟成员国。

代表性国家碳中和目标日期及承诺机制　　　　表 1-3

序号	国家	目标日期	承诺机制
1	中国	2060 年	政策宣示
2	奥地利	2040 年	政策宣示
3	不丹	目前为碳负，发展中实现碳中和	《巴黎协定》下自主减排方案
4	苏里南	目前为碳负，发展中实现碳中和	《巴黎协定》下自主减排方案
5	美国加利福尼亚	2045 年	行政命令
6	美国	2050 年	拜登竞选承诺
7	加拿大	2050 年	政策宣示
8	智利	2050 年	政策宣示
9	哥斯达黎加	2050 年	提交联合国
10	丹麦	2050 年	法律规定
11	欧盟	2050 年	提交联合国
12	斐济	2050 年	提交联合国
13	芬兰	2035 年	执政党联盟协议
14	法国	2050 年	法律规定
15	德国	2045 年	法律规定
16	匈牙利	2050 年	法律规定
17	冰岛	2040 年	政策宣示
18	爱尔兰	2050 年	执政党联盟协议
19	日本	2050 年	政策宣示
20	马绍尔群岛	2050 年	提交联合国的自主减排承诺
21	新西兰	2050 年	法律规定

续表

序号	国家	目标日期	承诺机制
22	挪威	2050/2030	政策宣示
23	葡萄牙	2050年	政策宣示
24	新加坡	2050年	提交联合国
25	斯洛伐克	2050年	提交联合国
26	南非	2050年	政策宣示
27	韩国	2050年	政策宣示
28	西班牙	2050年	法律草案
29	瑞典	2045年	法律规定
30	瑞士	2050年	政策宣示
31	英国	2050年	法律规定
32	乌拉圭	2030年	《巴黎协定》下自主减排承诺

从碳中和政策进展上看，提出碳中和目标的151个国家中，有58%设定了国家级碳中和路线图，有38%没有设定这样的路线图，还有4%的国家尚未清楚是否有这样的路线图，全球碳中和目标还缺乏各国气候政策的强力支持。此外，全球提出碳中和目标的151个国家中，有18个国家以法律形式确立了碳中和目标，政策文件和拟议的国家数量较为相似，分别占比21%和25%；在审查报告监管方面，全球有63%的国家设立了年度或非年度碳中和目标报告机制，其他国家无报告、不明确或无报告目标；目前全球仅有5%的国家设立了碳中和问责制度。总体看来，有近一半提出碳中和目标的国家没有清晰的国家碳中和路线图，也没有建立较完善的目标监督和问责机制。

从碳中和行动进展上看，主要体现在三个方面。其一，碳中和技术创新。美国、日本、德国、英国、韩国等发达国家整体上技术创新能力较强，处于领先地位；少数发展中国家（主要是中国）在可再生能源发电、电动汽车、可再生氢等技术上具有有力的创新竞争力。其二，气候投融资行动进展。气候行动离不开国家财政预算支持，目前全球142个国家公布了最新财年预算数据，其中37个国家公布了与气候相关的预算信息。其三，化石能源转型进展。目前全球仍有11个国家的能源结构中100%为化石能源，主要集中在西亚、中亚、北非等地。这些国家拥有丰富的化石能源，相关产业也是支持国家发展的命脉，因此其能源转型成本高、难度大。

1.3.2.2 典型国家碳中和的实现计划案例

1. 法国

2017年，法国宣布了碳中和承诺，2019年颁布了《能源与气候法》（Law on Energy and Climate Adopted），正式从法律层面确立了其"2050年碳中和"国家气候应对目标。在具体碳减排行动方面，对交通、农业、工业、建筑、能源、废弃物六大重点部门分别制定了两阶段（2030年和2050年）减排目标，减排措施和路径主要体现在三个方面。

首先，2050年前能源使用完全脱碳。一是逐步减少对化石能源的依赖，规定2022年前淘汰并关闭所有燃煤电厂。二是大力发展风能、太阳能发电，调整能源结构，计划到2030年将可再生能源发电占比提升至40%。

其次，降低非能源部门碳排放。一是通过减少食物浪费和氮肥施用、提升农业技术水平来降低农业部门能源消耗和温室气体排放。二是对钢铁、水泥、化工等高耗能、高排放部门，开展氢能替换计划，助推这些行业脱碳。

最后，增加和保护碳汇。2021年9月，法国启动了一项大型"森林重建"计划，目标是种植5000万棵树木，这一计划每年能给法国带来150万 tCO_2 碳汇。

2. 日本

2020年10月，日本政府提出要在2050年前实现碳中和，并在2021年4月制定了到2030年将温室气体排放量从2013年水平减少46%的临时目标，作为对这些承诺的回应，日本公共和私营部门目前正在实施多个碳中和项目。2021年6月日本发布了《2050年碳中和绿色增长战略》，明确能源、交通、生产制造、家庭与办公为碳中和重点领域，2023年，日本通过了《关于促进向脱碳增长型经济结构平稳过渡的法案》(GX促进法)，并计划在未来十年内实现公共和私营部门超过150万亿日元的GX投资。日本银行协会（JBA）于2021年12月启动了碳中和倡议，并在2024年进行了回顾和修订，确定了日本银行家协会到2030年的关键政策和优先事项，明确银行业作为日本的主要金融中介，有社会责任为经济提供金融支持，以实现公正转型，借此进一步加强日本银行业在实现碳中和方面的努力，以继续推动日本实现碳中和净零排放。日本在各领域的减排措施主要体现在如下四个方面。

第一，在能源领域扩大海上风电保障能力，日本计划到2040年建成3000万kW海上风电项目；大力发展氨燃料和氢能。

第二，在交通领域推动电动汽车、氢氧混合燃料电池汽车等新能源汽车，日本计划到2035年完全淘汰燃油汽车，到2050年实现汽车制造全流程碳中和；发展和推广碳、氢合成液体燃料。

第三，在生产制造领域发展数字半导体等低碳行业，同时推动企业、城市数字化转型，以数字化促进低碳化；加大农林水产经营的精细化程度，增加智能设备投入，依靠农业技术提升林田湖海的固碳能力。

第四，在建筑及电能领域，推动错峰用电，减少能源浪费；支持房屋住宅加装太阳能设备，推动居民住宅节能；建设二手资源交易平台，促进资源循环利用；加大废旧产品绿色回收渠道建设，强化垃圾焚烧场所的碳捕获及封存等。

3. 德国

2021年5月，德国联邦内阁通过了新版《联邦气候保护法》（Federal Climate Action Act），提出最晚至2045年实现碳中和，具体分两步实现该目标：第一步，2030年之前，温室气体排放总量较1990年减少65%；第二步，2045年之前，实现"温室气体净零排放"（碳中和）。为此，德国采取了一系列措施实现上述目标。

第一，发展绿色经济。2020年德国政府出台了1300亿欧元的经济复苏计划，其中500亿欧元用于支持包括电动汽车、氢能、低碳交通等在内的绿色经济发展。

第二，税收与补贴相结合，推动交通领域脱碳。2019年11月，德国政府开始对购买电动汽车的消费者最高给予6000欧元补贴，并计划到2030年前建设100万个汽车充电桩。此外，投入大量资金推动全国公共交通电动化发展以及国内铁路网络电气化和智能化改造。

第三，推动能源转型。一方面，鼓励和支持能源消耗部门改进设备和生产工艺，提高能源效率，降低能源消耗。另一方面，大力发展可再生能源。

第四,加大气候保护研发资金投入。自 2020 年以来,德国通过多种渠道,投入数百亿欧元,支持工业、能源部门的节能降耗改造升级。

第五,提高碳定价。2021 年,德国全面启动国家碳排放交易系统,初始定价为 25 欧元/tCO_2,此后逐步提高碳定价。德国计划在 2025 年将提升至 55 欧元/tCO_2 以上。

4. 欧盟

欧盟的碳中和实现路径是一个多维度、跨领域的综合性战略,欧盟采取了成员国共同分担的机制,称为"责任分担决定(ESD)",该机制为成员国在 2013~2020 年间每年对欧盟排放交易体系未涵盖的经济部门设定国家排放控制目标,欧盟每年都会对成员国的温室气体清单进行审查。为此,欧盟采取了一系列措施来实现碳中和目标。

第一,以能源转型作为重点,设定了到 2030 年将可再生能源占终端能源消费比例提高至 40%的目标,一次能源消费和终端能源消费效率分别提升 36%和 39%。大力推动太阳能、风能、水能等可再生能源的开发和利用,逐步替代传统的化石能源;推广节能技术和产品,提高能源利用效率,如通过建筑节能改造、工业节能技术应用等措施减少能源浪费。

第二,政策工具化的多样化。2021 年 6 月 29 日生效的《欧洲气候法》(European Climate Law)将《欧洲绿色协议》(The European Green Deal)中设定的目标写入法律,即到 2050 年使欧洲经济和社会实现气候中立。该法还设定了到 2030 年将温室气体净排放量至少减少 55%(与 1990 年的水平相比)的中期目标。2024 年 2 月,欧盟委员会提出到 2040 年将欧盟的温室气体净排放量减少 90%(相对于 1990 年水平)的气候目标,作为实现 2050 年碳中和目标的下一个中间步骤。在碳排放交易体系上,欧盟碳排放交易体系于 2003 年建立,经过 20 年的发展,欧盟碳排放交易体系已经发展成为世界上最先进的碳排放交易体系之一。在财税政策支持上,欧盟建立了 1444 亿欧元社会气候基金,其中 722 亿欧元由欧盟预算支出,用于 2025~2032 年期间帮助成员国投资能效、建筑翻新和低碳零碳改造,以及交通运输清洁化并助力社会公平转型。欧盟委员会(European Commission)发布了《Fit for 55:The EU's plan for a green transition》的一揽子计划,强调了欧盟在全球应对气候变化斗争中的领导地位,该计划提出扩大海运排放范围;加快减少系统中的排放津贴,并逐步取消某些部门的免费津贴;通过欧盟 ETS 实施全球国际航空碳抵消和减少计划(CORSIA);增加现代化基金和创新基金的拨款;修订市场稳定准备金;为建筑物、道路运输和其他部门的燃料创建了一个新的独立排放交易系统等。

第三,低碳和负碳技术革新。在工业领域,依靠现有的优势技术,如风力发电、水力发电和电解水制氢等,对工业进行脱碳;在新兴绿色产业领域,增加国内在增长领域的制造能力,如电池、电动汽车、热泵、太阳能电池等,促进新兴产业的发展,创造新的就业机会,同时提高欧洲在全球绿色技术市场的竞争力。

第四,发展碳汇建设与自然解决方案。通过土地利用规划、土地利用变化和林业(LULUCF)法规,增加欧盟的碳汇,保护和恢复森林、湿地等生态系统,提高其吸收和储存 CO_2 的能力。同时,发展可持续的农业和林业实践,减少农业活动中的温室气体排放,同时增加土壤和植被的碳储存量。

第五,在交通领域,推广零排放汽车。设定新的 CO_2 排放标准,要求到 2035 年,所有在欧洲注册的新车和货车都将实现零排放。作为向零排放移动性过渡的中间步骤,到 2030 年,新车的平均排放量将减少 55%,新货车的平均排放量将减少 50%。

第六，在碳市场与经济手段上，欧盟委员会更新了EU-ETS，通过设定排放上限、对污染定价以及为绿色转型升级投资，推动企业减少碳排放，促进低碳技术的应用和创新。同时，为确保欧洲企业的公平竞争环境，对来自气候雄心较低国家的进口产品在边境征收碳价，这有助于促进全球减排，并利用欧盟市场推动全球气候目标的实现。

第七，欧盟还设立了社会气候基金和公平转型基金，从欧盟预算中拨款650亿欧元，总计超过860亿欧元，支持最脆弱的群体摆脱能源贫困和小企业进行绿色转型，解决不平等问题和能源贫困问题，增强欧洲企业的竞争力。

1.3.2.3 国际碳中和的困境与挑战

1. 能源转型困难重重

全球要实现碳中和，必须扭转能源结构。但受国际战争危机影响，不少欧洲国家纷纷重启燃煤发电厂，2022年欧洲煤炭源CO_2排放量增长了1.6%，远超过去10年平均值。可再生能源虽然拥有更广阔的发展前景，但当下却面临着技术、成本、资金、环境等方面阻碍和压力，未来可再生能源发展还有很长一段路要走。

2. 气候投融资不足制约全球碳中和行动

气候投融资不足是当前绝大多数国家碳中和进程中面临的主要障碍，尤其对发展中国家而言，这一问题更为严峻。发达国家在气候投融资制度和行动上领先全球，然而这种优势并不足以满足国际气候融资需求。发达国家曾在2009年作出承诺，自2020年起每年向发展中国家提供1000亿美元气候融资，但经合组织的统计显示，2020年和2021年，发达国家捐助的资金均未达到1000亿美元承诺目标，美国仅完成其应尽份额的20%，澳大利亚、加拿大等国也仅完成50%应尽份额。

3. 全球应对气候变化行动与《巴黎协定》目标间存在显著差距

根据全球碳项目（Global Carbon Project，GCP）发布的《2024年全球碳预算》（Global Carbon Budget 2024），假设以2024年CO_2排放水平为准，从2025年开始，将全球变暖限制在比1980～1900年水平高1.5℃、1.7℃和2℃的可能性为50%时，那么全球碳预算分别减少至$65GtCO_2$、$160GtCO_2$和$305GtCO_2$，相当于分别在6年、14年和27年内左右耗尽。从以上数据可以看出，目前各国所做出的气候承诺和减排措施，极难实现《巴黎协定》设定的温控目标，未来若无新的减排举措和技术突破，《巴黎协定》可能最终走向失败。

1.4 中国的碳减排承诺

1.4.1 中国的"双碳"承诺

气候变化是全球面临的共同挑战，对人类社会的可持续发展构成严重威胁。中国作为世界上最大的发展中国家，2020年9月22日，在第七十五届联合国大会一般性辩论上向世界郑重承诺：中国将提高国家自主贡献力度，采取更加有力的政策和措施，CO_2排放力争于2030年前达到峰值，努力争取2060年前实现碳中和。这一承诺体现了中国推动构建人类命运共同体的责任担当，以及实现自身可持续发展的内在要求，旨在通过经济社会发展全面绿色转型，为全球应对气候变化作出积极贡献。中共十九届五中全会提出"制定2030年前碳排放达峰行动方案"的明确要求。中央财经委员会第九次会议讨论实现"双碳"的基本思路和举措。2020年召开的中央经济工作会议将碳达峰、碳中和工作列为2021年重点工作之一。2021年5月26日碳达峰、碳中和工作领导小组首次亮相，召开碳达峰碳中和工作领导小组第一次全体会议，这是关于"双碳"工作的首次专题会议，标志着我国碳达峰碳中和工作迈出了重要一步。中共二十大提出积极稳妥推进碳达峰碳中和，对"双碳"做了最新战略部署。此外，中国还以2030年为时间节点，对其他四项国家自主贡献目标做了更新和强化，具体包括如下四方面：

（1）到2030年，中国单位国内生产总值（GDP）CO_2排放将比2005年下降65%以上。

（2）非化石能源占一次能源消费比例将达到25%左右。

（3）森林蓄积量将比2005年增加60亿m^3。

（4）风电、太阳能发电总装机容量将达到12亿kW以上。

1.4.2 中国"双碳"目标面临的挑战

1. 时间紧、任务重

当前，我国作为温室气体排放量最大的发展中国家，在实现"双碳"目标的过程中不可避免的面临紧迫性压力。我国的"双碳"目标达成的时间节点为2030年和2060年，碳达峰与碳中和相距时间为30年。相较之下，西方国家工业化发展起步早、时间长、水平高，碳达峰到碳中和大多需要50~60年甚至更久，如英国59年、法国59年、德国超过60年、瑞典52年，这为它们在技术和经济层面提供了更多的调整余地和操作灵活性。我国是世界上最大的CO_2排放国，碳减排的任务艰巨、难度史无前例。

2. 产业结构转型有一定难度

产业结构不合理是影响碳排放的重要因素，要实现"双碳"目标，必须进行产业结构升级改造，转变传统发展模式。主要体现在区域发展差异性明显，经济发展水平越低的地区对资源的依赖性越强，部分地区通过开采、加工自然资源实现经济的快速增长，创新驱动、绿色可持续发展、数字化转型比较滞后。除此之外，产业结构的转型升级受资金、技术等因素影响，传统产业仍占主导地位，高端产业占比较少，科技水平及科研成果转化率低制约产业发展水平，尤其发展基础薄弱的中小企业，"三高一低"特征明显，产业升级过程中对外来技术的依赖性强，依靠自身力量实现产业结构转型升级有一定难度。

3. 能源结构调整压力较大

根据国家统计局的数据，2023年能源消费总量比上年增长5.7%。其中，煤炭消费量占能源消费总量的55.3%，比上年下降0.7%；石油消费量占能源消费总量的比例上升0.4%；天然气消费量占能源消费总量的比例上升0.1%；非化石能源占能源消费总量的比例为26.4%，比上年提高了0.2%。其中，水电、核电、风电、太阳能发电等绿色电力消费量为101244万tce，占能源消费总量比例的17.7%。我国2014~2023年的能源消费结构占比变化情况如图 1-15 所示,虽然我国煤炭消费占比逐年下降,风电、光伏发电等清洁能源比例不断提高,但煤炭仍是主体能源,呈现"一煤独大"格局,加上清洁能源存在"靠天吃饭"、发电不稳定、有效容量低、综合调节能力差等问题,新旧能源的替换阻力较大。除此之外,由化石能源向非化石能源的转换改造升级成本高、见效周期长、推广难度大,要发展绿色低碳经济,调整传统能源结构面临高碳能源规模总量大、转型困难的挑战。

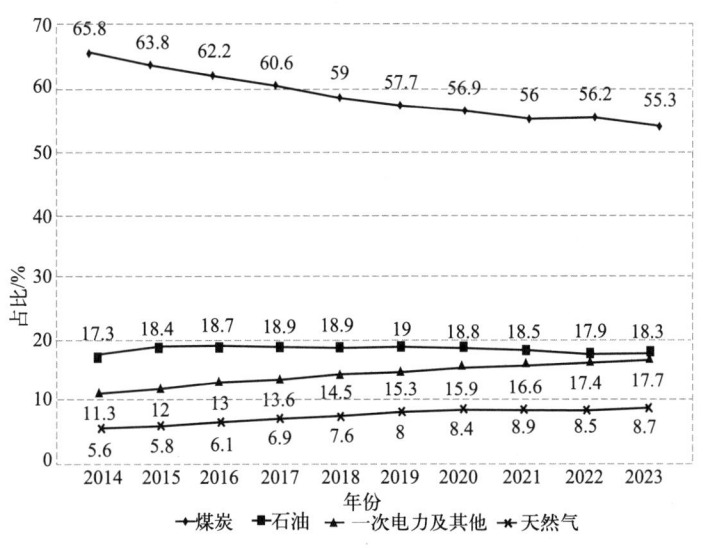

图 1-15　2014～2023 年中国能源消费结构占比变化（%）
注：数据来源为国家统计局发布数据

4. 技术研发与推广面临挑战

实现碳减排目标,如果大幅度进行产业结构和能源结构调整,会对经济的稳定发展造成较大影响。我国作为全球制造业大国,必须推动以科学研究、技术创新、专利申请、软件应用等智力劳动为核心的"智造业"发展,以此驱动创新并确保制造业持续作为财富创造的主导力量,通过制造业、服务业与智造业三者相互支撑的健康发展模式,我国才能长期保持其作为制造业大国和强国的地位。然而技术的研发推广投入成本大、风险高、周期长,需要人才资金的大量投入、政策的扶持引导；企业单方面承担研发推广工作难度大,需要与相关机构合作完成；中小企业科技研发推广制约因素多,存在技术人才短缺、融资难、创新层次低、对外技术依赖度高、自主技术开发风险大等问题。

1.4.3 "双碳"目标的实现路径

推动碳达峰碳中和,发展绿色低碳经济是一项复杂、艰巨、长期的任务,推动碳达峰、碳中和工作必须立足我国能源资源禀赋,坚持先立后破,从政策激励、能源升级、科技创新等方面出发,有计划分步骤逐一突破。

1. 完善政策机制

我国目前已构建了全球最系统完备的碳减排政策体系,涵盖能源、工业、建筑、交通等多个领域。2024 年,国务院印发《2024—2025 年节能降碳行动方案》,明确了今明两年的量化目标和具体任务。实现"双碳"目标，仍需立足经济发展、能源使用、碳排放量等具体实际情况逐步完善政策体系。一是实行区域梯级划分，分梯级制定实现"双碳"目标的时间、碳排放标准及各阶段的中心任务。二是各行业制定碳减排计划，建筑、水泥、煤炭、交通等高耗能、高排放行业产业，根据行业现状和行业特点，有计划、有目标进行能源转化、产业升级改造。三是完善碳排放监测、评估体系，制定不同阶段的监测及评价标准，兼顾过程及结果监测、评估，约束过量碳排行为。四是制定有利于"双碳"目标的财税政策，充分发挥税收政策在促进绿色低碳发展中的导向作用，奖励"双碳"工作成绩突出的地区，对使用清洁能源、环保设备的企业实行所得税优惠政策。

2. 能源结构转型

能源结构调整是实现碳减排的关键，要坚持以能源生产清洁化和能源消费电气化为方向，实施"两个替代"，促进"双主导、双脱钩"，建立清洁高效的现代能源体系，以清洁能源代替传统能源，积极发展生物质燃料及电制燃料。一是科学有序发展气电，加快以电代煤、以电代油、以电代气，淘汰煤电落后产能，控制新增煤电项目，开发光伏发电、风电、水电、核电等。二是转变煤电功能布局，充分利用地理优势，推动清洁能源基地建设。

3. 产业结构进一步优化

一是发展低碳产业。积极发展低耗能和低碳产业，如新一代信息技术、生物技术、新能源、新材料、高端装备、新能源汽车、绿色环保以及航空航天、海洋装备等战略性新兴产业。加快发展现代服务业，提升服务业低碳发展水平，通过做大服务业的产值来提升服务业对经济增长的贡献。

二是淘汰落后产能。消除和淘汰高耗能、高排放的落后产能，推动传统产业的绿色化改造。政府可以通过提供补贴或税收减免等方式鼓励企业使用清洁能源，完善引导绿色能源消费的相关制度。严格控制高耗能高排放项目盲目扩张，新建、扩建的钢铁、水泥、平板玻璃、电解铝等高耗能高排放项目落实产能等量或减量置换。

4. 发挥科技创新支撑作用

充分发挥科技创新的支撑引领作用，促进碳达峰碳中和目标的实现。一是将技术研发纳入国家及地方重点研发计划、高校及科研机构研究计划，通过校企联合加快新能源开发，实现能源生产清洁化和能源消费电气化，推动清洁替代、电能替代、能源互联、碳捕集与封存利用技术、负排放等技术研发。二是组建技术研发团队，建设绿色低碳发展领域相关院校，开发技术研发课程，培育专业人才，深化产教融合，充实人才基础。三是强化科技成果的应用推广，提高科技成果转化率，推动产业及能源结构的转型升级。

5. 推动重点领域减排

工业是碳排放的重点领域，主要工作包括：（1）推动资源循环型生产方式的确立，提高能源、原料的利用效率，减少能源消耗与碳排放；（2）减少煤炭产业碳排放。控制煤炭开采及煤电消费，开发煤炭开采技术，优化采煤设备，增强煤层气控制与利用；控制新增煤电项目，淘汰落后产能，积极推动太阳能、风能、水电建设，深化电力改革；加强煤炭分质转化利用，减少碳排放，提高煤炭的利用率和附加值；（3）淘汰落后产能，攻克关键减排技术，实现各产业的深度脱碳。

交通运输也是碳排放的主要领域之一。近年来，汽车数量不断增加，2023年全国汽车保有量达到3.36亿辆。其中，燃油车保有量为3亿辆，新能源汽车保有量为2041万辆，占汽车总量的6.07%。我国2023年的交通领域碳排放量比2022年增长16%，是碳排放量增长率最高的领域。按照现有模式发展，交通运输领域的碳排放将成为影响"双碳"目标实现的重要因素。实现交通行业的碳减排，一是提高新能源交通工具比例。全面推广新能源汽车，加快电动汽车产业发展和氢燃料电池汽车推广应用，限制燃油车的生产、销售。二是倡导绿色出行方式。私人汽车碳排放量是地面公交的5倍，是轨道交通的9倍，降低私人汽车出行可有效减少交通运输领域碳排放，鼓励选择公共交通工具，完善城市公交运输网络，提高公交运输能力。三是调整货运模式。加大短途运输电动货车和氢燃料电池车的比例，减少燃油车公路运输，推广长途大宗货物运输公路转铁路、水路。四是加快清洁能源供给设施建设，完善新能源、清洁能源交通工具的供应保障。

建筑领域作为碳排放的重点领域之一，通过建筑节能和碳减排措施，可以显著减少CO_2等温室气体的排放，从而减缓全球气候变暖的速度。实现建筑领域碳减排，一是提升新建建筑节能降碳水平，通过优化建筑设计、推广超低能耗建筑、严格落实工程建设标准来实现。二是推进既有建筑节能改造，可通过加快既有建筑节能改造、严格建筑拆除管理方式实现。三是优化建筑用能结构，可通过调整建筑用能结构、增加可再生能源应用来实现。四是加快节能降碳技术研发推广，可通过支持先进技术研发、推动技术产品规模化生产来实现。五是完善建筑领域能耗碳排放统计核算制度，可通过完善能源消费统计制度、建立碳排放核算标准体系来实现。六是强化法规标准支撑，推动法律法规修订、完善标准体系来实现。七是加大政策资金支持力度，通过完善实施有利于建筑节能降碳的财税、金融、投资、价格等政策，加大中央资金对建筑节能降碳改造的支持力度，落实支持建筑节能、鼓励资源综合利用的税收优惠政策等途径实现。

1.5 各省市及行业指导文件梳理

1.5.1 国家主管层面政策发布

2020年12月18日，中央经济工作会议将"做好碳达峰、碳中和工作"作为2021年八大重点任务之一进行了部署。2021年中央经济工作会议再次明确要"坚定不移推进碳达峰碳中和"，指出"实现碳达峰碳中和是推动高质量发展的内在要求"，并提出需"创造条件尽早实现能耗'双控'向碳排放总量和强度'双控'转变，加快形成减污降碳的激励约束机制"。2024年二十届三中全会通过的《中共中央关于进一步全面深化改革、推进中国式现代化的决定》中，更是提出要积极稳妥推进碳达峰碳中和，建立能耗双控向碳排放双控全面转型的新机制，构建碳排放统计核算体系、产品碳足迹管理体系和健全碳市场交易制度、产品碳标识认证制度、温室气体自愿减排交易制度。为落实中央经济工作会议精神及双碳目标的实现，近年来，我国加速推动建筑领域节能降碳，国家层面建筑碳中和指导性文件相关政策陆续出台，指导并推进建筑双碳工作开展，见表1-4、表1-5。

建筑领域"碳达峰、碳中和"政策　　　　　　　　　　表 1-4

发布时间	政策名称	主要内容
2020.7	《绿色建筑创建行动方案》	为推动绿色建筑高质量发展,明确了创建目标和八项重点任务,包括推动新建建筑实施绿色设计、提高绿色建筑占新建建筑的比例,加强绿色建筑全过程监管,推进既有建筑绿色改造等,为建筑碳中和奠定了基础
2020.7	《关于推动智能建造与建筑工业化协同发展的指导意见》	提出要实行工程建设项目全生命周期内的绿色建造,推动智能建造与建筑工业化协同发展,通过提高建造过程的智能化水平,降低能耗
2020.8	《关于加快新型建筑工业化发展的若干意见》	提出了加快新型建筑工业化发展的目标和任务,包括推广装配式建筑,推广应用绿色建材等,实现工程建设低消耗、低排放的建筑工业化,推动城乡建设绿色发展和高质量发展
2021.10	《2030年前碳达峰行动方案》	明确了在城乡建设领域,要推进城乡建设绿色低碳转型、加快提升建筑能效水平、加快优化建筑用能结构、推进农村建设和用能低碳转型。从宏观层面为建筑领域碳达峰及后续碳中和工作指明了方向
2021.12	《中共中央　国务院关于完整准确全面贯彻新发展理念做好碳达峰碳中和工作的意见》	提出了要提升城乡建设绿色低碳发展质量的意见,包括推进城乡建设和管理模式低碳转型、大力发展节能低碳建筑、加快优化建筑用能结构
2022.3	《"十四五"建筑节能与绿色建筑发展规划》	提出了到2025年,完成既有建筑节能改造面积3.5亿 m^2 以上,建设超低能耗、近零能耗建筑0.5亿 m^2 以上,装配式建筑占当年城镇新建建筑的比例达到30%,全国新增建筑太阳能光伏装机容量0.5 kW以上,地热能建筑应用面积1亿 m^2 以上,城镇建筑可再生能源替代率达到8%,建筑能耗中电力消费比例超过55%的总体目标
2022.6	《城乡建设领域碳达峰实施方案》	提出2030年前城乡建设领域碳排放达到峰值,建设绿色低碳城市,打造绿色低碳县城和乡村
2022.10	《关于扩大政府采购支持绿色建材促进建筑品质提升政策实施范围的通知》	提出运用政府采购政策积极推广应用绿色建筑和绿色建材,大力发展装配式、智能化等新型建筑工业化建造方式。在48个市(市辖区)实施政府采购支持绿色建材促进建筑品质提升政策。纳入政策实施范围的项目包括医院、学校、办公楼、综合体、展览馆、会展中心、体育馆、保障房等政府采购工程项目,含适用招标投标法的政府采购工程项目
2022.11	《建材行业碳达峰实施方案》	为提升建材行业绿色低碳发展水平,提出了强化总量控制、推动原料替代、转换用能结构、加快技术创新、推进绿色制造五项重点任务,实现2030年前建材行业碳达峰
2023.12	《中共中央　国务院关于全面推进美丽中国建设的意见》	提出推进重点领域绿色低碳发展,加快既有建筑和市政基础设施节能降碳改造,推动超低能耗、低碳建筑规模化发展
2024.1	《绿色建材产业高质量发展实施方案的通知》	提出到2026年绿色建材年营业收入超过3000亿元等目标,为绿色建材的认证和市场推广提供了有力支持
2024.3	《推动大规模设备更新和消费品以旧换新行动方案》	加快建筑设施领域设备更新,要求到2027年,建筑等领域设备投资规模较2023年增长25%以上。加快更新不符合现行产品标准、安全风险高的老旧住宅电梯。有序推进供热计量改造,持续推进供热设施设备更新改造。以外墙保温、门窗、供热装置等为重点,推进存量建筑节能改造
2024.3	《加快推动建筑领域节能降碳工作方案》	明确了到2025年及2027年建筑领域节能降碳工作的具体目标。如2025年城镇新建建筑全面执行绿色建筑标准,2027年建成一批绿色低碳高品质建筑
2024.6	《建立碳足迹管理体系的实施方案》	提出到2027年,碳足迹管理体系初步建立,制定出台100个左右重点产品碳足迹核算规则标准。到2030年,制定出台200个左右重点产品碳足迹核算规则标准。明确了建立健全碳足迹管理体系、构建多方参与的碳足迹工作格局、推动产品碳足迹规则国际互信的三项重点任务

第 1 章 建筑业低碳发展的背景

续表

发布时间	政策名称	主要内容
2024.7	《中共中央关于进一步全面深化改革、推进中国式现代化的决定》	提出要积极稳妥推进碳达峰碳中和,明确了"一个新机制、两个碳体系、三个碳制度",即:一个新机制:建立能耗双控向碳排放双控全面转型新机制; 两个碳体系:构建碳排放统计核算体系、产品碳足迹管理体系; 三个碳制度:健全碳市场交易制度、产品碳标识认证制度、温室气体自愿减排交易制度
2024.7	《关于进一步强化碳达峰碳中和标准计量体系建设行动方案(2024—2025 年)的通知》	提出加快推进建材、建筑等重点行业企业碳排放核算标准和技术规范的研究及制订;开展建材等重点产品碳足迹标准研制;扩大绿色建材产品评价标准供给推动加强钢铁、水泥等重点行业和领域碳计量技术研究
2024.8	《加快构建碳排放双控制度体系工作方案》	提出完善建材等重点行业领域碳排放核算机制。制修订重点行业企业碳排放核算规则标准。在重点行业开展温室气体排放环境影响评价,强化减污降碳协同控制
2024.8	《关于加快经济社会发展全面绿色转型的意见》	提出要推进城乡建设发展绿色转型,包括推行绿色规划建设方式,大力发展绿色低碳建筑,推动农业农村绿色发展
2025.1	《关于进一步扩大政府采购支持绿色建材促进建筑品质提升政策实施范围的通知》	在前期政策实施基础上,政策实施范围中 48 个市扩大到了 101 个市。纳入政策实施范围的项目增加了旧城改造项目

建筑领域"碳达峰、碳中和"标准 表 1-5

	标准名称	主要内容
建筑碳排放标准	《建筑碳排放计算标准》GB/T 51366—2019	该标准规定了建筑碳排放计算的边界、范围、方法和数据要求等,为建筑全生命周期碳排放的量化提供了统一的方法和依据,适用于新建、扩建和改建的民用建筑的运行、建造及拆除、建材生产及运输阶段的碳排放计算
	《建筑节能与可再生能源利用通用规范》GB 55015—2021	对建筑碳排放的计量方法、监测要求等进行了规范,为建筑碳排放的量化和监测提供了技术指导,可用于指导建筑项目在实施过程中对碳排放的监测和数据采集,以便更好地掌握碳排放情况,采取相应的减排措施。规范适用于新建、扩建和改建建筑以及既有建筑节能改造工程的建筑节能与可再生能源建筑应用的设计、施工、验收及运行管理
	《零碳建筑技术标准(征求意见稿)》	适用于新建与既有改造的相关建筑与区域。设计、建造、运行、检测判定及碳抵消等方面,规定了室内环境参数及碳排放指标,为零碳建筑提供技术规范和指导

1.5.2 各省及央企双碳实施方案发布

1.5.2.1 各省市双碳实施方案发布

随着"3060"目标写入"十四五"规划和 2035 年远景目标纲要,"碳达峰"和"碳中和"正式上升到国家战略层面。我国为实现碳达峰、碳中和目标,构建了"1+N"政策体系。"1"是指《中共中央 国务院关于完整准确全面贯彻新发展理念做好碳达峰碳中和工作的意见》(下称《意见》),"N"指的是各部门和地方政府根据《意见》的要求制定的具体政策和方案,包括建筑领域等。各省市以"1+N"政策为统领,相继出台了地方性的意见、实施方案类文件,见表 1-6。

各省市双碳实施方案/意见发布矩阵图

表 1-6

序号	地区	2021年 12月	2022年 1月	2月	3月	4月	5月	6月	7月	8月	9月	10月	11月	12月	2023年 1月	2月	3月	4月	5月	6月	7月	8月	2024年 1月
1	河北省		●																				
2	浙江省			★●																			
3	湖北省				●																		
4	广东省					●			●							▲						▲	
5	广西壮族自治区															★							
6	甘肃省								●						★								
7	西藏自治区																▲		★	▲			
8	福建省									●											★		
9	陕西省								●														
10	山东省													★●		★							
11	重庆市												▲		▲								
12	四川省				●							▲			★								
13	上海市					●			●	★													
14	江西省								★	★										▲	▲		
15	吉林省	●								★													
16	海南省									★													
17	云南省													●								▲	

续表

序号	地区	2021年12月	2022年1月	2月	3月	4月	5月	6月	7月	8月	9月	10月	11月	12月	2023年1月	2月	3月	4月	5月	6月	7月	8月	2024年1月
18	天津市										★												
19	宁夏回族自治区		●									★											
20	辽宁省										★	◀											
21	黑龙江省			●							★	★											
22	北京市														◀								
23	湖南省				●							★	★					◀					
24	江苏省		●										★		◀								
25	内蒙古自治区							●															
26	贵州省										★												
27	安徽省				●									▲●	◀								
28	青海省													★									
29	新疆维吾尔自治区																				◀		
30	山西省														●★	◀					★		
31	河南省															★▲						◀	

注：● 为发布"关于完整准确全面贯彻新发展理念推进碳达峰碳中和工作的实施意见"类文件；
▲ 为发布"城乡建设领域碳达峰实施方案"类文件；
★ 为发布"碳达峰实施方案"类文件。

1.5.2.2 央企双碳行动方案发布

2021年，国务院国资委研究修订了《中央企业能源节约与生态环境保护监督管理办法》。其中提及中央企业应"持续提升能源利用效率，减少污染物排放，控制温室气体排放，积极参与'碳达峰''碳中和'行动。"2022年8月，国资委宣布将对《中央企业碳达峰行动方案编制指南》进一步修改完善，组织各中央企业于2022年底前完成自身碳达峰行动方案编制，发挥示范引领作用。部分央企落实的具体双碳行动方案见表1-7。

部分央企落实的具体双碳行动方案　　　　表1-7

企业名称	具体行动
中国建筑集团有限公司	发布《中国建筑集团有限公司碳达峰行动方案》，提出强化绿色发展顶层设计、开展节能降碳增效行动等碳达峰九大任务，并发布"个十百千万"工程。该工程提出要以创新性产品为导向，采用投建运方式，打造建筑单体、社区（园区）、乡镇（城区）三个层面具有国际领先水平的十大低碳、零碳标杆产品，研发百项绿色低碳关键技术、推广千个绿色低碳技术应用场景等内容，带动万家上下游企业共同节能减碳
中国中铁股份有限公司	发布《中国中铁股份有限公司碳达峰行动方案》，确定总体目标为：到2025年，适应生态文明建设要求的绿色中铁体系建设取得显著进展；能源利用效率不断提高，能源消费结构得到明显改善；万元产值CO_2排放量与万元营业收入综合能耗实现同步下降，万元营业收入综合能耗在2020年的基础上下降15%，万元产值CO_2排放在2020年的基础上下降15%
中国铁建股份有限公司	实施"千亿绿钢"行动方案，打造国内首个整合"标准认证＋生产采购＋金融扶持"功能的标准化碳链平台
中国交通建设集团有限公司	发布《绿色低碳行动方案》，强调要持续推动传统产业绿色转型，稳步拓展绿色低碳新兴产业，着力发挥科技创新引领作用，积极构建绿色标准规范体系，探索建立绿色低碳支撑体系，加快实现绿色发展体系的飞跃，率先走出生态优先、绿色低碳的高质量发展之路
中国能源建设集团有限公司	发布《中国能源建设集团有限公司践行碳达峰、碳中和"30·60"战略目标行动方案（白皮书）》，提出"1466"发展战略，围绕"30·60"系统解决方案"一个中心"和储能、氢能"两个基本点"，通过具体举措和行动践行"30·60"战略目标
国家电网有限公司	发布《国家电网公司"碳达峰、碳中和"行动方案》，以"碳达峰"为基础前提，"碳中和"为最终目标，加快推进能源供给多元化清洁低碳化、能源消费高效化减量化电气化
中国华能集团有限公司	发布《碳达峰行动方案》《科技创新支撑碳达峰碳中和行动方案》《落实"双碳"目标推动公司中长期能源发展工作方案》，加快构建以新能源、核电、水电转型"三大支撑"，积极建设多能互补大型综合能源基地，培育布局新兴绿色低碳产业，持续加大科技创新力度，加快数字化赋能
中国华电集团有限公司	发布《碳达峰行动方案》，力争在2025年实现碳达峰，新增新能源装机7500万kW，非化石能源装机占比达到50%以上，全口径碳排放强度较"十三五"末下降17%；力争到2030年，碳排放总量较2025年下降5%，非化石能源装机占比达到65%，全口径碳排放强度较"十三五"末下降37%
中国大唐集团有限公司	发布《中国大唐集团有限公司碳达峰碳中和行动纲要》，以控碳为核心，严控煤电项目和煤炭消费，大力发展非化石能源，2030年非化石能源装机占比升至60%左右，确保2030年前实现碳达峰并力争提前碳达峰，每千瓦时电CO_2排放减少20%左右
中国核工业集团有限公司	印发《完整准确全面贯彻新发展理念做好碳达峰碳中和工作行动纲要》，2030年力争当年核风光水等各类清洁能源发电量等效减排CO_2超过5亿t，确保实现并争取提前实现碳中和
中国节能环保集团有限公司	发布《中国节能环保集团有限公司碳达峰碳中和行动方案》《中国节能"1＋4"双碳行动方案编制指南》《中国节能员工绿色低碳行为倡议》，并成立中国节能双碳指导委员会

1.6 国内外建筑行业用能及碳排放概况

1.6.1 国际建筑行业发展概况

1. 规模持续扩张

有学者表明，2022年，全球建筑物占全球能源消耗的30%和温室气体排放的37%，这表明如果我们要阻止或逆转气候变化，建筑师必须发挥重要作用，碳作为一种普遍认可的度量标准，可用来追踪建筑物的温室气体排放，因此，实现这一目标的最重要方法之一就是建筑脱碳。脱碳包括减少运行碳和隐含碳，这分别是指建筑物的使用阶段和整个生命周期的碳排放。这个生命周期包含了每种材料和家具的获取、运输、安装、使用和寿命终止。

全球建筑行业仍在不断扩张，到2030年，预计建筑面积将进一步增加15%，这将增加近400亿 m^2，相当于印度尼西亚当前建筑面积的5倍；预计到2060年，世界建筑楼面面积将翻一番。

联合国环境规划署（UNEP）和全球建筑联盟（Global Aliance for Buildings and Construction，Global ABC）在全球建筑与气候论坛（The Buildings and Climate Global Forum）上联合发布了《全球建筑与施工状况报告》（Global Status Report for Buildings and Construction），该报告中描绘了一幅令人担忧的画面：2022年，当前状态与理想的脱碳路径之间存在显著差距，差距达到近40个脱碳点（图1-16、图1-17）。观察结果表明，2022年全球建筑存量占比与2015年开始时的比例水平相似，全球建筑物的脱碳进展缓慢。该报告的分析将2015~2022年与基于国际能源署净零排放情景的脱碳参考路径进行比较。截至2022年，只有33%的建筑能源规范符合零排放原则。

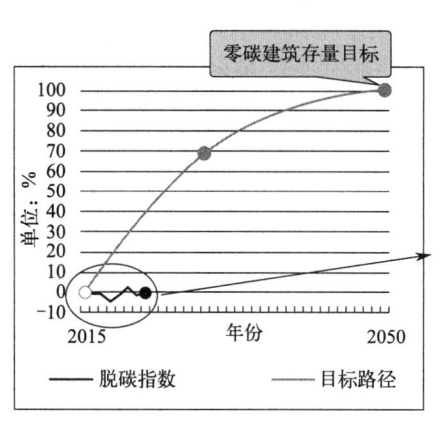

图1-16　2015~2050年全球零碳排放建筑存量的模拟路径

注：数据来源为《全球建筑与施工状况报告》

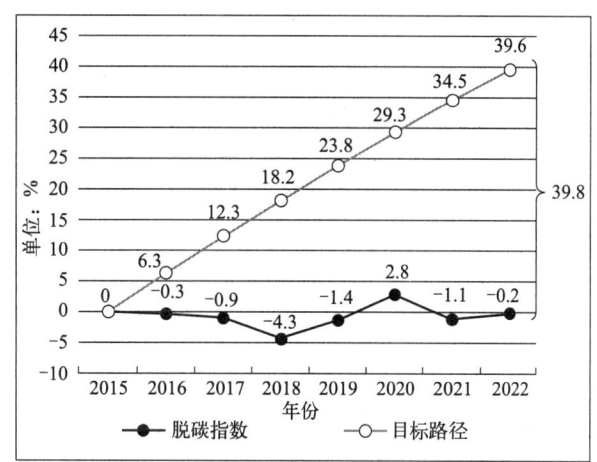

图1-17　2015~2022年全球零碳建筑存量变化趋势

注：数据来源为《全球建筑与施工状况报告》

2. 政策推动与投资增长

越来越多的国家在国家自主贡献（Nationally Determined Contributions，NDCs）中纳入了更全面的建筑和建筑气候行动计划。2022年，建筑脱碳投资超过2850亿美元。2021年，全球能源效率投资增长约16%，超过2300亿美元。

3. 技术与创新应用

基于环境友好、人居健康、绿色低碳等创新理念和技术在建筑行业得到了更多关注和应用。例如，一些先进的建筑追求净零能耗目标，通过最大化利用日光、控制太阳能热量增益、高效隔热和机械系统以及现场可再生能源发电等方式来减少能源使用。

1.6.2 国际建筑行业用能及碳排放现状分析

《全球建筑与施工状况报告》（Global Status Report for Buildings and Construction）中的数据显示，2022年，全球建筑行业是主要的能源消耗者，占最终能源需求的30%，主要用于供暖和冷却等运行需求，若包括生产建筑材料所需的能源，这一数字将上升到34%。全行业的能源需求每年仅增长略高于1%，其中建筑物的用电量从2010年的30%增加到2022年占最终能源需求总量的35%，如图1-18所示。

2022年，建筑运行和施工产生的排放达到新高，占全球CO_2排放总量的37%，如图1-19所示，接近100亿tCO_2。这主要是由于建筑运行和建筑材料（如混凝土、钢铁、铝、玻璃和砖块）生产的排放所致。这反映出与电力使用相关的间接排放增加到6.8亿tCO_2，而建筑物的直接排放略有下降，达到3亿tCO_2。水泥、钢铁和铝等建筑材料的生产进一步增加了2.5亿tCO_2的排放，砖和玻璃的生产贡献了约1.2亿tCO_2。每平方米建筑能源强度在2021～2022年提高了3.5%，这得益于更好的建筑规范和结构性能，特别是在寒冷气候地区。然而，许多国家仍然缺乏建筑能源规范。为了达到《巴黎协定》到2030年碳排放量减少50%的目标，改造率必须显著提高。

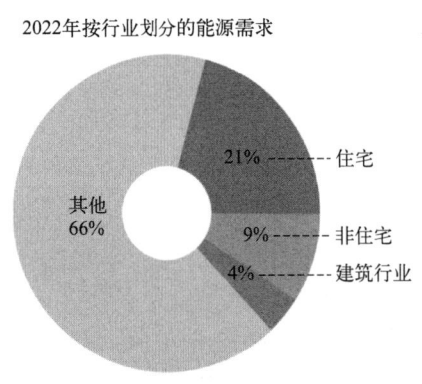

图1-18 2022年建筑物在最终能源消耗总量中的占比

注：数据来源为《全球建筑与施工状况报告》

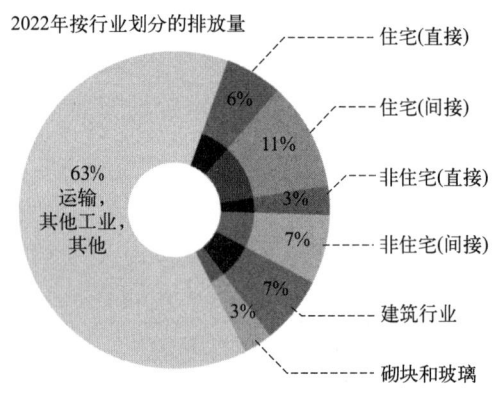

图1-19 2022年建筑物占全球能源和工艺排放的占比

注：数据来源为《全球建筑与施工状况报告》

自2015年以来，在政策层面和投资增加方面取得了一些进展，但必须付出更大的努力来整体减少排放，同时改善建筑能源性能，并继续保持增加建筑面积的趋势。2022年全球建筑气候追踪的更新证实了这种观察，并显示出该行业的实际气候表现与必要的脱碳路径之间的差距越来越大。尽管近几年越来越多的国家承诺提高能源效率，并在其国家自主贡献（NDCs）中提供了广泛的建筑脱碳细节，全球对能源效率的投资增加约16%，达到2300亿美元。2022年后，由于俄乌冲突等国际问题带来的能源供应紧张，全球能源价格剧烈波动，欧盟等国家及地区的脱碳计划面临了较大困难与风险。

IPCC工作组（AR6 WGIII）提出，已寻求通过促进能效改造、可再生能源和热泵的建筑和建筑行业为实现《巴黎协定》提供重要的全球减排潜力。机会包括提高现有建筑的能效和使用效率、高性能的新建筑、高效的照明装置和建筑设备、将可再生能源集成到建筑中，以及实现建筑材料生产的脱碳。IPCC报告的共识是，与当前水平相比，建筑物的运营排放量需要减少95%以上，并且这些减少需成本效益高，对建筑物能源安全有益。

1.6.3 我国建筑行业发展概况

近年来，我国城镇化高速发展，城镇化率不断提升（图1-20），直接导致人口由农村向城镇的转移，城镇人口数量逐渐攀升。2023年末，我国城镇常住人口达93267万人，比2022年增加1196万人；乡村常住人口47700万人，减少1404万人。常住人口城镇化率为66.16%，比2022年提高0.94%。从提高幅度看，较2022年扩大0.44%。随着新型城镇化各项工作的推进，我国城镇化空间布局持续优化，新型城镇化质量稳步提高。

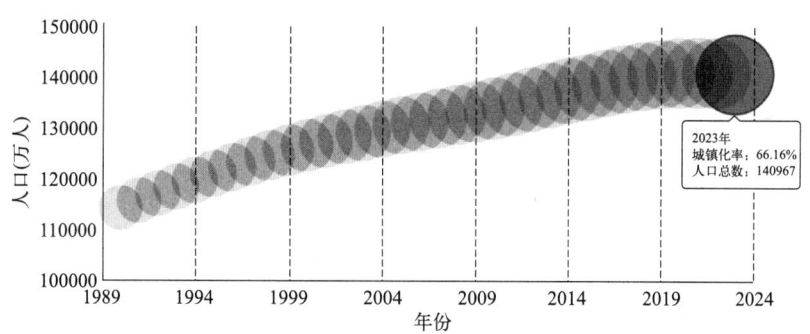

图1-20 1989~2023年中国城镇化率水平变化情况
注：数据来源为国家统计局发布数据

从国家统计局发布的数据上看，2023年我国建筑业房屋施工面积为1530925.30万m^2，较2022年（1536111.37万m^2）下降约0.34%；2023年建筑业房屋竣工面积393400.92万m^2，较2022年（396363.39万m^2）下降约0.75%。2004~2022年中国建筑业房屋施工面积、竣工面积的变化情况如图1-21所示。

随着城镇人口的增长，同时带动了建筑的需求量的提升，建筑业在城镇化进程中持续发展，规模不断扩大，建筑面积的存量也因此不断增长。如图1-22、图1-23所示，1978~2023年，中国城镇住宅存量从不到14亿m^2增至335.5亿m^2，城镇人均住房建筑面积从8.1m^2增至35.9m^2。在我国既有公共建筑中，人均商场、医院、学校的面积还相对较低，各类公共建筑的规模还存在增长空间。

筑绿未来：低碳建筑的发展之路 >>

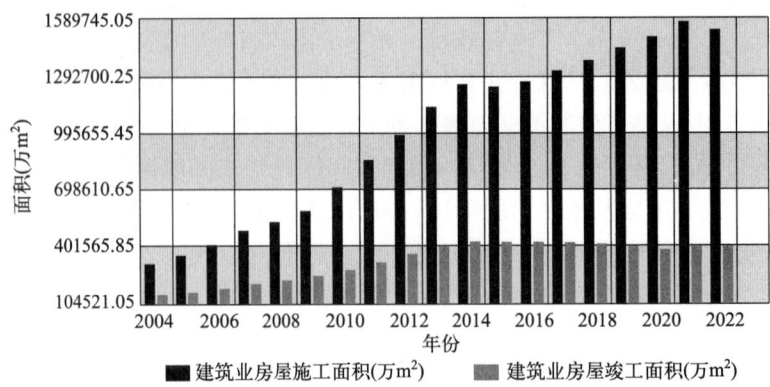

图 1-21　2004~2022 年中国建筑业房屋施工面积、竣工面积变化情况
注：数据来源为国家统计局发布数据

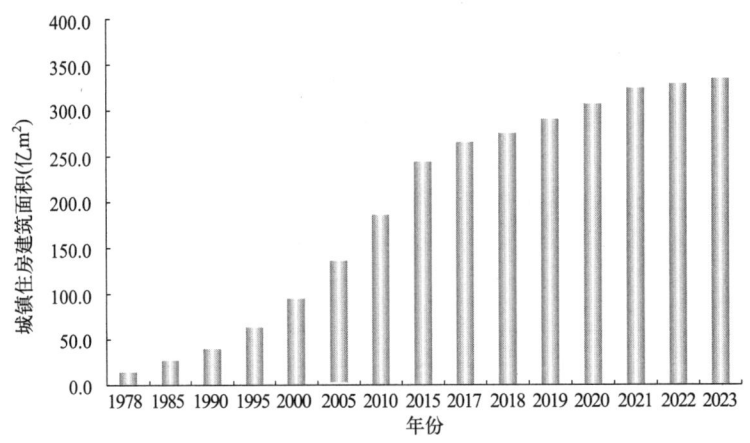

图 1-22　1978~2023 年中国城镇住房建筑面积变化情况
注：数据来源为国家统计局发布数据

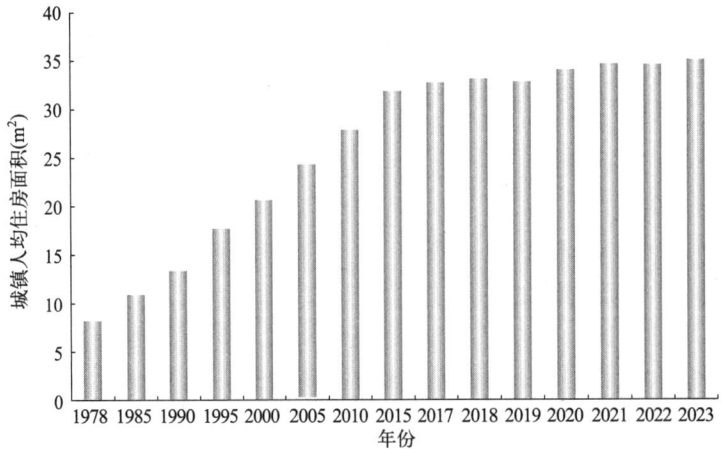

图 1-23　1978~2023 年中国城镇人均住房建筑面积变化情况
注：数据来源为国家统计局发布数据

此外，随着生活水平提高，人们对于建筑的要求已经远远超越了遮风、挡雨、维系生活等基础功能，开始转向对建筑的环境匹配性和居住的舒适性要求。党的十九大报告中指出，中国社会的主要矛盾已经从人民的物质文化需求和落后的社会生产力之间的矛盾转变为人民日益增长的美好生活需求和不平衡不充分的发展之间的矛盾。因此，对于我国建筑业而言，绿色低碳与健康舒适的居住、办公建筑环境将是今后发展的一个重要方向。

1.6.4 我国建筑行业用能及碳排放现状分析

对于建筑能源消耗及碳排放量统计，首先需要明确统计数据所覆盖的范围。2025年1月18日，中国建筑节能协会和重庆大学在北京联合发布了《中国城乡建设领域碳排放研究报告（2024年版）》，测算并分析了2022年我国建筑与建造的能耗与碳排放。

1.6.4.1 建筑用能现状

研究结果显示，2022年全国建筑与建筑业建造能耗总量为24.2亿tce，占全国能源消费总量的44.7%，其中：建筑业建造能耗12.3亿tce，建筑运行能耗11.9亿tce，分别占全国能源消费总量的22.8%和22.0%。当不考虑基础设施建造时，2022年建筑与房屋建造能耗总量为19.8亿tce，比2021年全国房屋建筑全过程（不含基础设施建造）能耗总量（19.1亿tce）增加了3.66%。因此，推进建筑全生命周期降耗，对于实现我国"双碳"目标具有重要意义。

建筑能耗结构主要包括用电、用气、用热等方面。其中，电力消耗是建筑能耗的主要部分，随着生活品质的提高，空调等家用电器的普及，电力消耗呈上升趋势。此外，北方地区的供暖能耗也占据较大比例。

建筑能耗在城市间和区域间存在显著差异。城市建筑能耗普遍高于农村，北方地区能耗高于南方地区，东部地区能耗高于中西部地区。这种分布差异与城市的经济发展水平、人口规模、用能结构等因素密切相关。

1.6.4.2 建筑碳排放现状

如图1-24、图1-25所示，2022年，全国建筑与房屋建造碳排放总量41.5亿tCO_2，占全国能源相关碳排放的比例为39.1%。2022年全国建筑与房屋建造碳排放总量比2021年全国房屋建筑全过程碳排放总量（40.7亿tCO_2）增长1.97%。当考虑基础设施时，2022年全国建筑与建筑业建造碳排放总量为51.3亿tCO_2，占全国能源相关碳排放的比例为48.3%，比2021年全国建筑业全过程碳排放总量（50.1亿tCO_2）增长2.40%。

从建筑的生命周期来看，建材生产运输阶段碳排放量为17.8亿tCO_2，占全国建筑与房屋建造碳排放的42.89%，占全国能源相关碳排放16.7%；建筑运行阶段碳排放量为23.1亿tCO_2，占全国建筑与房屋建造碳排放的55.66%，占全国能源相关碳排放21.7%；建筑施工阶段碳排放量为0.7亿tCO_2，占全国建筑与房屋建造碳排放的0.17%，占全国能源相关碳排放0.7%。可以看出，建筑运行阶段碳排放占比最高，其中

筑绿未来：低碳建筑的发展之路

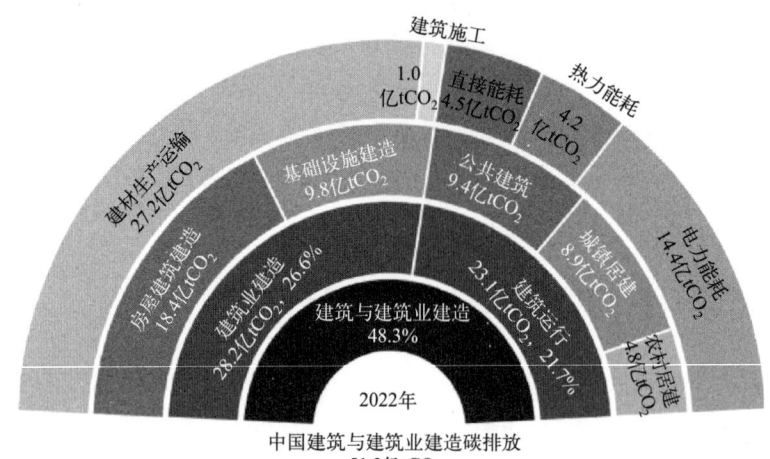

图 1-24　2022 年中国建筑与建筑业建造（含基础设施建造）碳排放量及占比
注：数据来源为《中国城乡建设领域碳排放研究报告（2024 年版）》

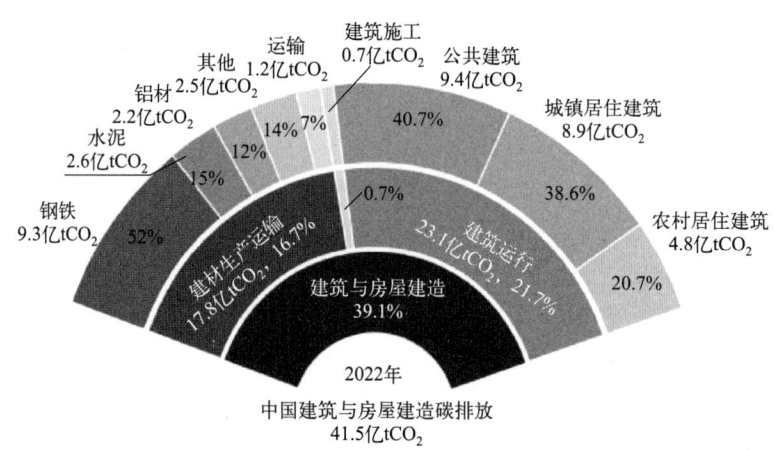

图 1-25　建筑与房屋建造（不含基础设施建造）碳排放量及占比
注：数据来源为《中国城乡建设领域碳排放研究报告（2024 年版）》

公共建筑运行碳排放占建筑运行碳排放总量的 40.7%，是排放增长的最主要来源，该阶段碳排放主要包括燃气灶消耗天然气产生排放，建筑各设施设备如照明、空调、供暖、水泵等用电产生的间接排放，以及北方供暖涉及热力消耗产生的间接排放等，因运行阶段时间周期长，由此也导致了高占比的能耗及碳排放。其次，建材生产运输阶段排放占全国建筑与房屋建筑碳排放的 42.89%，占比接近一半，原因为建材生产阶段涵盖了我国几大高耗能行业：钢铁、水泥、铝材等。因此，钢铁、水泥等建材生产行业的节能降碳，也即代表着建筑全生命周期的节能降碳。相比前 2 个阶段，建筑施工阶段因持续时间短，能耗及碳排放在全生命周期中占比最小，但总量仍不容忽视。要实现建筑全面脱碳，需要在建筑全生命周期每个阶段推进。

从建筑运行的建筑类型来看（图 1-26），不同建筑类型的碳排放量变化趋势各有不同，但其占比情况相对固定。在 2000~2022 年间，全国建筑运行碳排放总量增长了 16.5

亿 tCO_2，其中公共建筑碳排放增长 7.0 亿 tCO_2，城镇居住建筑增长 6.2 亿 tCO_2，农村居住建筑增长了 3.2 亿 tCO_2。公共建筑、城镇居住建筑和农村居住建筑的碳排放比例为"4∶4∶2"，公共建筑的排放占比在近两年受疫情影响出现波动。

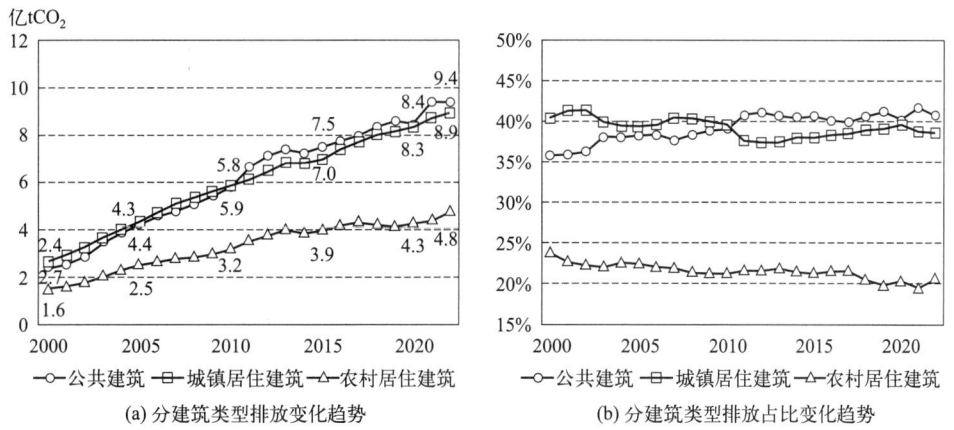

图 1-26　建筑运行碳排放变化趋势——分建筑类型
注：数据来源为《中国城乡建设领域碳排放研究报告（2024 年版）》

从建筑运行排放类别构成来看（图 1-27），建筑直接碳排放占比在 2016 年前高于 30％，之后持续下降，到 2022 年降至 19％；电力碳排放占比则从 2000 年的 32％上升至 2022 年的 63％；热力碳排放比例近年来保持在 20％的水平。

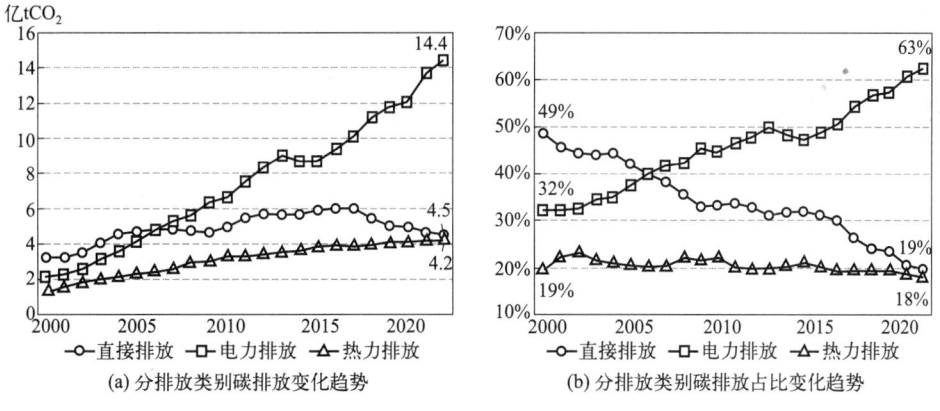

图 1-27　建筑运行碳排放变化趋势——分排放类别
注：数据来源为《中国城乡建设领域碳排放研究报告（2024 年版）》

1.6.4.3　建筑行业用能及碳排放现状分析

根据 2020 年典型国家建筑运行碳排放对比（图 1-28）得出，中国建筑运行人均碳排放为 $1.6tCO_2$，约为美国的 1/3，约为日本、韩国的 1/2；建筑运行单位面积碳排放为 $33kgCO_2/m^2$，几乎是日本、韩国的 1/2。由于中国建筑运行能耗强度较低，所以建筑运行的人均碳排放和单位面积碳排放低于部分发达国家。而建筑领域的碳排放不仅受能源消耗总量的影响，也明显受各国能源结构的影响。从图中可以看到，法国、西班牙、瑞典等发达国家的建筑运行人均碳排放均低于中国，瑞典仅为 0.6tCO$_2$。

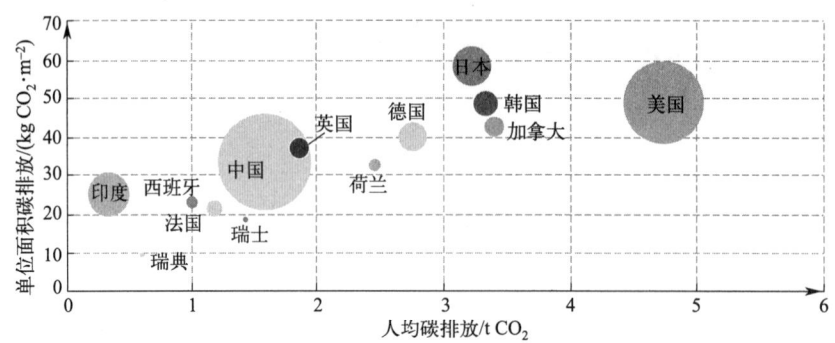

图 1-28　2020 年典型国家建筑运行碳排放对比
注：圆圈面积为各国自身能源结构折算的建筑运行碳排放总量

由于法国的能源结构以低碳的核电为主，所以尽管建筑用能强度比中国高，但折算到碳排放强度却低于中国。这也说明，在实现碳中和的路径上，不仅要注意建筑节能、能效提升，也要实现能源系统的低碳化和建筑用能结构的低碳化转型。

通过对比 2000 年和 2020 年各国建筑运行碳排放变化趋势（图 1-29），中国建筑运行人均碳排放从 2000 年的 0.7tCO$_2$ 增长到 2020 年的 1.6tCO$_2$（增幅 128%），建筑运行单位面积碳排放从 28kgCO$_2$/m^2 增长到 2020 年的 33kgCO$_2$/m^2（增幅 18%）。美国、加拿大、德国、英国、法国等国家的建筑运行碳排放总量、人均碳排放、单位面积碳排放均呈下降趋势。这一方面得益于人均和单位面积能耗的降低，另一方面也是因为各国积极推动能源结构转型，大力发展零碳电力。近 20 年中国和印度均处于高速发展阶段，用能强度不断增长，人均碳排放和单位面积碳排放均呈增长趋势，为尽早实现碳达峰，中国、印度等发展中国家应在控制能源消费总量的同时抓紧推动能源系统的低碳转型。

由此可见，建筑运行人均碳排放的主导因素可以被分解为建筑用能水平和能源转换系统水平，不同国家实现建筑碳中和的路径和侧重点各不相同。

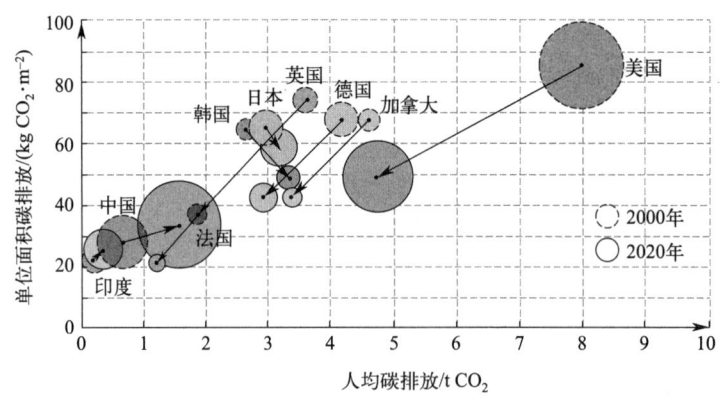

图 1-29　2000 年和 2020 年典型国家建筑运行碳排放变化趋势对比
注：圆圈面积表示建筑运行碳排放总量

现阶段，我国的经济、社会正处于高速增长期，城镇化进程将持续加快。一方面，城镇人口增长带来对各类型建筑需求的不断增长，会促使建筑面积的进一步增长；另一方面，随着生活水平的提高，对于不同建筑形式、面积的需求也会不断提升，同时也越来越注重建筑的环境质量与服务水平，对于居住舒适性需求的提升同样将增加建筑的能耗及碳排放强度。面对两方面的趋势，要降低建筑业能耗及碳排放量将面临着巨大的挑战。我国可从建筑用能水平与能源结构两方面双管齐下，一方面继续推进建筑节能工作，维持绿色低碳的生活方式，将中国的建筑用能水平控制在合理范围内；另一方面要推进建筑用能全面电气化，提高电力在建筑用能中的占比，通过电力系统的低碳来实现建筑运行用能的低碳。

第2章

国内外建筑低碳发展的新趋势

2.1 概要

1992年,全球100多个国家在巴西里约热内卢签署达成了《联合国气候变化框架公约》(UNFCCC),可持续发展思想开始在全球得以推广,建筑作为碳排放的主要来源之一,其碳减排问题也日益受到重视。2003年英国政府提出的低碳经济理念中首次提及低碳建筑的概念,2006年英国启动了低碳建筑项目,该项目将采用各种技术提高建筑能效、实现碳排放量显著减少的建筑定性为低碳建筑。此后,各国陆续建立了相应的评估体系,如英国的BREEAM、美国的LEED和德国的DGNB等,以评估建筑的碳排放量,推动低碳建筑的发展。我国低碳建筑研究工作发展较快,自"十四五"以来,政府主管部门陆续发布《建筑碳排放计算标准》GB/T 51366—2019、《建筑节能与可再生能源利用通用规范》GB 55015—2021、《近零能耗建筑技术标准》GB/T 51350—2019、《城乡建设领域碳达峰实施方案》(2022年)和《加快推动建筑领域节能降碳工作方案》(2024年)等政策文件和标准规范,相关法律法规和标准规范呈现出逐步完善和强化的趋势。

随着经济社会的发展和人民生活水平的提高,人民群众对住房的需求已经从"有没有"转向"好不好",住房和城乡建设部部署了关于"让人民群众住上更好的房子"和"提升住房品质"的重点工作要求,以新时代好房子作为目标指引,构建适应新阶段的新发展格局。另外,随着时代的进步和社会的发展,城市作为人类生活的重要载体,其结构与功能需要不断适应新的社会、经济、环境要求,我国政府主管部门将城市更新纳入国家发展战略,出台了一系列政策措施,鼓励和支持各地因地制宜开展城市更新实践。在"好房子"建设和城市更新工作中,新一代信息技术、绿色低碳技术、新型建造技术等新技术,以及新产品、新材料、新工艺的应用,可有效提升建筑能源利用效率和降低碳排放,为建筑业低碳发展提供了新的机遇。

由此,本章将从国外低碳建筑发展、国内低碳建筑发展、"好房子"助力建筑低碳发展、城市更新的低碳发展新机遇四个方面,介绍国内外低碳建筑发展的新趋势。

2.2 国外低碳建筑发展

2.2.1 英国低碳建筑发展

英国低碳建筑相关研究工作开展较早,已建立了较为完善的政策和法规体系,通过能效评级与证书制度、税收优惠与补贴政策、公共财政支持、建筑法规与标准以及教育与宣传等多种措施,推动了建筑行业的节能减排和可持续发展。

1990 年世界首个绿色建筑标准 BREEAM(Building Research Establishment Environmental Assessment Method)在英国发布,BREEAM 从能源、健康宜居、创新、用地生态、材料、管理、污染、交通、废物处理、水十大指标进行严格评估。每个分项都会分析对建筑环境影响最大的因素,包括低碳设计、节能减排、设计的耐用性、韧性城市、气候变化因素、生态价值和物种多样性保护。每个分项下,项目会得到相应的评估分数,项目最终的整体得分则决定了项目的评级。标准评级分为合格、良好、非常好、优秀和杰出 5 个等级。

1995 年,英国颁布实施了《家庭节能法》(Home Energy Conservation Act),鼓励家庭减少能源消耗、提高能源利用效率,并降低对环境的负面影响。2004 年,英国出台《可持续和安全建筑法案》(Sustainable and Secure Buildings Act),赋予《建筑条例》(Building Regulations)更多权利,涉及能源、用水、生物多样性等方面。2006 年,英国再次出台《可持续住宅规范》(Code for Sustainable Homes),对住宅建设和设计制定了可持续的节能环保新规范。2007 年,英国政府公布了《迎接能源挑战——能源白皮书》(Meeting the energy challenge: a White Paper on energy),为英国可再生能源的开发设定了具体目标。之后,英国发布了《建筑能效条例》(The Energy Performance of Buildings (England and Wales) Regulations),对建筑能效证书制度实行强制推行,要求所有的建筑在施工期,对建筑的能效性能进行评价,或者每十年更新时进行重新评价。在此基础上,英国进一步提出"未来住宅标准",从 2025 年开始,要求所有新建房屋的碳排放减少 75%~80%,新建筑必须实现"零碳准备",这一标准将促使新建住宅采用更加高效、环保的建筑材料和技术。

在项目实践上,贝丁顿生态社区(Beddington Zero Energy Development,BedZED),也被称为贝丁顿零能耗发展生态村,是英国最大的低碳可持续发展社区,也是世界上最早的零碳生态社区探索实践。该社区位于英国伦敦南部萨顿区的贝丁顿地区,共有 99 套混合使用权住宅,住区采用高密度布局方式,每公顷 100 户住宅(不包括运动场),以提供连贯的社区空间和集约的交通,并减少对绿地的占用,同时也保证了建筑体量和布局可以满足太阳能使用要求。该社区的设计目标是强调对阳光、废弃物、木材、空气的循环利用,减少向空气释放 CO_2 的量。如今该社区已成为世界低碳建筑领域的标杆。

2.2.2 德国低碳建筑发展

德国在建筑低碳节能立法方面也较为全面。1976年德国颁布了第一个建筑节能规范——《建筑节能法（EnEG）》，对建筑保温、通风、供暖及热水供应的热效率及能耗标准作出了规定。1980年，德国通过对节能法（EnEG）的修改案，并对规范依法作了相应的修改，增加了对既有建筑改建维修时要达到的节能要求，发布第二个《建筑保温规范（WSVO'1984）》。2001年11月德国出台了《建筑节能保温及节能设备技术规范（EnEV）》，并于2002年2月1日正式生效，规范规定所有新建筑均要达到低能耗房屋的标准。2004年《德国国家可持续发展战略报告》（Germany's Sustainable Development Strategy）发布，报告指出要减少不可再生能源的使用，降低CO_2的排放，节约资源。

2007年，德国可持续建筑委员会发布绿色建筑评估体系DGNB（德国建筑可持续品质）。DGNB体系涵盖了可持续建筑的所有关键要素，包括生态质量（如减少能源消耗、降低碳排放、优化水资源利用）、经济质量、社会文化及功能质量、技术质量、过程质量、场地质量等。DGNB体系根据建筑物的不同类型和用途（如办公建筑、商业建筑和工业建筑等）对评价标准的条目、内容以及相对应的评分权重进行精确的调整，在核心质量目标得到保证的前提下根据不同国家和地域的气候、法律法规、文化以及建设技术等实际情况进行适当的调整，这使得该系统可以灵活地在全世界范围使用。

2023年，德国联邦议院通过了《建筑能源法》（Buildings Energy Act）修订案，并于2024年1月1日实施。该法案旨在逐步启动和实施供热行业脱碳工程，主要在供暖和热水生产方面，意味着德国建筑供暖将逐步放弃传统石油和天然气供暖，将传统化石能源改为使用可再生能源。

2024年，欧盟理事会正式通过了修订后的《建筑能源绩效指令》（Energy Performance of Buildings Directive，EPBD），成员国有两年时间将新规则纳入国家立法。这一法令要求所有新建建筑及非住宅建筑在2030年实现净零排放，公共建筑在2028年实现净零排放。

德国政府除了制定相应的法律法规外，还成立了德国能源咨询中心，为建筑从业者提供咨询服务。同时，政府还提供财政补贴及各种低息贷款，支持企业在低碳节能领域的发展。另外，德国还设置了节能建筑联邦资助计划，在对单独更换老房供热设备提供高额奖金资助的同时，也对新建高能效建筑或老房整体节能翻新工程，按照设计施工最终实现的能效级别制定了不同额度的低息贷款资助。除此之外，业主还可以在热泵投用后期，为单项或多项设备提效措施申请相应的奖金资助。

在项目实践上，德国巴斯夫"三升房"开发项目是世界著名低碳建筑改造项目。巴斯夫公司在一幢已有70年历史的老建筑基础上，通过采用加强围护结构的保温性能、设置可回收热量的通风系统、截热技术等措施，成功改造出了德国第一幢"三升房"。与改造前相比，每年每平方米（使用面积）供暖耗油量从20L降到了3L（因而被称为"三升房"），如按$100m^2$的公寓测算，每年取暖费可从5400元人民币降至770元，CO_2的排放量也降至原来的1/7，具有极大的经济和环保价值。该项目现已成为全球既有建筑低碳节能改造的经典案例。

2.2.3 美国低碳建筑发展

美国在推动建筑低碳节能方面制定了多项法律法规和标准规范，旨在减少建筑物的能源消耗和碳排放，促进绿色建筑的发展。

1975年美国颁布《能源政策和节能法案》(Energy Policy and Conservation Act)，为能源利用、节能减排提供了法律依据。1978年，美国制定《节能政策法》(National Energy Conservation Policy Act)和《能源税法》(Energy Tax Act)，规定了民用节能投资和可再生能源投资的税收优惠，为节能建筑的发展提供了经济激励。1992年，美国颁布《能源政策法》(Energy Policy Act of 1992)，将节能标准从规范性要求转变为强制性要求，鼓励采用新能源和再生能源。2005年，美国制定《能源政策法》(Energy Policy Act of 2005)，该法案成为现阶段美国实施绿色建筑、建筑节能的法律依据之一，提倡能源节约和提高能源效率、能源供应多样化、开发替代能源等。2007年，美国颁布《能源独立安全法案》(Energy Independence and Security Act，EISA)，要求提升电器、器材、照明的能源标准及其照明能效标准，推动建筑设备能效的提升。2024年，美国公布建筑行业脱碳国家蓝图《到2050年美国经济去碳化：建筑领域的国家蓝图》(Decarbonizing the U.S. Economy by 2050：A National Blueprint for the Buildings Sector)，提出全面的建筑脱碳计划，设定了到2035年和2050年的温室气体减排目标，并提供了政府支持和技术援助。州级层面，纽约市颁布《地方第97号法案》(Local Law 97)针对总面积超过一定规模的建筑物，设定了具体的碳排放减少目标，要求建筑物在2030年之前减少40%的碳排放，在2050年之前减少80%。加利福尼亚州，消费者服务局和建筑标准委员会定期修订和更新建筑能效标准《住宅和非住宅建筑能效标准》(Building Energy Efficiency Standards for Residential and Nonresidential Buildings)，确保建筑物的能效水平不断提升。

1996年，美国绿色建筑委员会推出LEED (Leader in Energy and Environmental Design)认证体系。该体系从可持续场地、水资源使用效率、室内环境质量和能源使用四个方面评价建筑绿色标准。其宗旨是在设计中有效地减少环境和住户的负面影响，象征着先锋性、创新、环保以及社会责任。LEED最新版本为LEED V4，与早期版相比，以绩效为基础的LEED V4更加活泼，要求建筑的整个生命周期均有计量结果，并且也更加注重人体健康和环境。LEED分为四个认证等级：认证级、银级、金级、铂金级。

2023年，美国国家标准协会批准了美国ASHRAE首个《净零能耗和净零碳建筑性能评价标准》(Standard Method of Evaluating Zero Net Energy and Zero Net Carbon Building Performance)。此标准提出了"净零能耗"建筑和"净零碳"建筑的定义。用于判定新建/既有建筑、社区以及独立建筑空间的设计方案或运行状态是否达到净零能耗或净零碳排放。

在项目实践上，美国布利特中心位于西雅图城市中心，是一座西北朝向的6层商业办公建筑，建筑面积4831m^2，空调面积4658m^2，建造成本约合人民币1.2亿元。通过践行"被动优先，主动优化，采用可再生能源"的技术理念，该建筑通过了"有生命力建筑挑战"零能耗建筑认证，相较于美国同类建筑节能76.4%。布利特中心运用了许多尖端的可持续发展技术，如其地下蓄水池中安装了收集和过滤家庭废水的系统，绿色屋顶则可以过滤雨水。另外，它还装有能通过有氧装置分解排泄物的厕所、可供整座建筑一年电量的楼顶太阳能电池阵，以及能够充分提供自然照明和通风的大型窗户。除此之外，在布利特中心的混凝土楼板上装有太阳能热水循环辐射供暖系统，其地下也建有多个热量交换井以助调节办公室温度。

2.2.4 日本低碳建筑发展

日本较为重视建筑节能降碳工作。1979 年，日本颁布《有关能源使用合理化的法律》（2008 年修订），强化了企业计划性和自主性的能源管理，规范了政府、企业和个人之间的用能管理关系和节能行为。要求大型建筑物（建筑面积 2000m² 以上）提交建筑节能报告书，节能措施不完善且不听从改善要求的将被公示并责令整改。同时要求新建独立住宅采用节能技术措施。1998 年，日本发布《地球温暖化对策推进法》，旨在应对全球变暖问题，通过制定减排目标和政策措施，推动社会各界减少温室气体排放。2000 年，日本制定《住宅品质确保促进法》，针对建造、销售住宅的建造商，采取了"提高新建住宅节能性能措施的制度"，促使其在新建特定住宅（独立式住宅）中采用节能措施，并制定针对住宅建造商的评价标准。

2002 年，日本建筑师学会推出建筑物综合环境性能评价体系 CASBEE（Comprehensive Assessment System for Building Environmental Efficiency）。CASBEE 以各种用途、规模的建筑物作为评价对象，从环境效率定义出发进行评价。其试图评价建筑物在限定的环境性能下，通过措施降低环境负荷的效果。CASBEE 采用 5 分评价制度，满足最低要求评为 1 分，分数越高，满足的要求越多。

2014 年日本政府提出"能源基本计划"，目标是 2020 年新建的公共建筑和到 2030 年新建的所有建筑的半数以上要实现零能耗建筑（Zero Energy Building，ZEB）。2015 年日本政府成立了"ZEB 实现路径委员会"，提出优化工作方式的节能实现路径。随后，2018 年日本政府公开了"ZEB 设计导则"，主要是"保证舒适的室内环境"和"节能化"两个原则为前提的零能耗建筑普及。2015 年，日本制定了《关于提高建筑物能源消费性能的法律》，并提出两种提高建筑物的节能性能的方法。

此外，日本将建筑废弃物视为"建筑副产品"，非常重视对建筑废弃物的循环利用，颁布了多条建筑废弃物处理规范，例如 1970 年的《有关废弃物处理和清扫的法律》、1977 年的《再生骨料和再生混凝土使用规范》、2000 年的《建设工程用材再资源化法》、2000 年的《建筑材料循环法》、2001 年的《建筑废弃物处理法》、2002 年的《建筑废弃物再利用法》等。

在项目实践上，日本政府致力于提高新老住宅的整体质量和性能，为此日本环境部建立了一个实验性生态住宅模型计划，从南部的冲绳到北部的北海道建造大约 20 个可持续住宅。其中，北九州生态住宅是日本生态住宅中各种被动式技术的先驱，拥有耐久性优异的木质结构，设计师根据北九州当地的季节和气候特点最大限度地利用自然光、太阳热能、风、地热能和雨水等自然能源来减少对化石燃料的依赖，根据日本政府测算，北九州生态住宅比日本家庭平均用电量减少 50.12% 以上。

2.3 国内低碳建筑发展

2.3.1 国内低碳建筑相关政策

我国低碳建筑研究工作发展较快,且相关法律法规和标准规范呈现出逐步完善和强化的趋势。1986年,我国颁布了第一部建筑节能标准《民用建筑节能设计标准》JGJ 26—1986;2006年,住房和城乡建筑部颁布《绿色建筑评价标准》GB/T 50378—2006;2007年,住房和城乡建筑部颁布《绿色建筑评价技术细则(试行)》和《绿色建筑评价标识管理办法》;2008年,国务院第18次常务会议通过《民用建筑节能条例》;2017年,住房和城乡建筑部颁布《建筑节能与绿色建筑发展"十三五"规划》;2020年,住房和城乡建筑部、发改委等多部门联合发布《绿色建筑创建行动方案》。2021年为我国"十四五"开局之年,《中华人民共和国国民经济和社会发展第十四个五年规划和2035年远景目标纲要》明确了绿色建筑发展、建筑低碳转型等内容,国家及各省市主管部门密集出台了多项绿色低碳法规政策和标准规范。国家层面绿色低碳建筑相关主要法律法规和标准规范见表2-1;省区市层面绿色低碳建筑相关主要政策见表2-2。

国家层面绿色低碳建筑相关主要法律法规和标准规范　　　表2-1

序号	文件名称	主要内容
1	《绿色建筑创建行动方案》(2020年)	提出到2022年,当年城镇新建建筑中绿色建筑面积占比达到70%,星级绿色建筑持续增加,装配化建造方式占比稳步提升,绿色建材应用进一步扩大,绿色住宅使用者监督全面推广
2	《"十四五"建筑节能与绿色建筑发展规划》(2022年)	制定了"十四五"期间建筑节能和绿色建筑发展总体指标及具体目标;提出了达成目标的九项重点任务,包括提升绿色建筑发展质量、提高新建建筑节能水平、加强既有建筑节能绿色改造、推动可再生能源应用、实施建筑电气化工程、推广新型绿色建造方式、促进绿色建材推广应用推进区域建筑能源协同、推动绿色城市建设,为"十四五"建筑节能的发展指明了方向
3	《绿色建筑评价标准》GB/T 50378—2019(2024年版)	在建筑安全耐久、健康舒适、生活便利、资源节约、环境宜居几个方面规定了强制及加分要求,提供了创建技术依据,指导我国未来绿色建筑建设发展。其2024年修订版强化了绿色建筑的碳减排性能要求。包括:明确要求所有星级的绿色建筑都需要明确全生命周期的碳排放强度,并制定相应的减碳技术措施;在提高与创新章节中,增加了采用蓄冷蓄热蓄电、建筑设备智能调节等技术实现建筑电力交互技术的加分项,旨在对建筑蓄能例如光储直柔等技术进行加分鼓励;提高了建筑运行阶段能耗相比国家现行有关建筑能耗标准的降低比例,以及相应的得分
4	《建筑碳排放计算标准》GB/T 51366—2019	适用于新建、扩建和改建的民用建筑的运行、建造及拆除、建材生产及运输阶段的碳排放计算。主要内容涵盖总则、术语和符号、基本规定、运行阶段碳排放计算、建造及拆除阶段碳排放计算、建材生产及运输阶段碳排放计算等多个方面
5	《建筑节能与可再生能源利用通用规范》GB 55015—2021	提出建筑必须强制执行的各项要求,包括新建建筑开展碳排放核算的要求;新建建筑节能设计、既有建筑节能改造设计、可再生能源建筑应用系统设计要求;以及需达到的各地区新建居住建筑、新建公共建筑平均能耗指标
6	《近零能耗建筑技术标准》GB/T 51350—2019	该标准首先界定了我国超低能耗建筑、近零能耗建筑、零能耗建筑等相关概念。规定了近零能耗建筑的术语定义、基本规定、性能指标、技术措施、施工与验收、运行和管理,以及评价要求,为近零能耗建筑推广提供了技术依据

续表

序号	文件名称	主要内容
7	《既有建筑绿色改造评价标准》GB/T 51141—2015	适用于既有建筑绿色改造的评价,对改造前策划、设计与施工、运营管理等方面的绿色改造要求进行了详细规定。它旨在推动既有建筑的节能改造和绿色升级,提高建筑的能效和资源利用效率,减少环境污染和碳排放
8	《城乡建设领域碳达峰实施方案》(2022年)	以绿色低碳发展为引领,通过优化城市结构和布局、开展绿色低碳社区建设、提高绿色低碳建筑水平、建设绿色低碳住宅以及提升基础设施运行效率等措施,控制城乡建设领域碳排放量增长,确保2030年前城乡建设领域碳排放达到峰值,并力争到2060年前全面实现城乡建设方式的绿色低碳转型。 提出要持续开展绿色建筑创建行动,到2025年,城镇新建建筑全面执行绿色建筑标准,星级绿色建筑占比达到30%以上,新建政府投资公益性公共建筑和大型建筑全部达到一星级以上
9	《加快推动建筑领域节能降碳工作方案》(2024年)	目标设定:到2025年,建筑领域节能降碳制度体系更加健全,城镇新建建筑全面执行绿色建筑标准,新建超低能耗、近零能耗建筑面积比2023年增长0.2亿 m^2 以上,完成既有建筑节能改造面积比2023年增长2亿 m^2 以上,建筑用能中电力消费占比超过55%,城镇建筑可再生能源替代率达到8%。 重点任务:包括提升城镇新建建筑节能降碳水平、推进城镇既有建筑改造升级、强化建筑运行节能降碳管理、推动建筑用能低碳转型、推进供热计量和按供热量收费、提升农房绿色低碳水平、推进绿色低碳建造、严格建筑拆除管理、加快节能降碳先进技术研发推广等
10	《2024—2025年节能降碳行动方案》(2024年)	提出开展建筑节能降碳行动的重点任务,包括:加快建造方式转型,严格执行建筑节能降碳强制性标准,强化绿色设计和施工管理,研发推广新型建材及先进技术;大力发展装配式建筑,积极推动智能建造,加快建筑光伏一体化建设;因地制宜推进北方地区清洁取暖,推动余热供暖规模化发展;到2025年底,城镇新建建筑全面执行绿色建筑标准,新建公共机构建筑、新建厂房屋顶光伏覆盖率力争达到50%,城镇建筑可再生能源替代率达到8%,新建超低能耗建筑、近零能耗建筑面积较2023年增长2000万 m^2 以上;推进存量建筑改造,完成既有建筑节能改造面积较2023年增长2亿 m^2 以上,城市供热管网热损失较2020年降低2个百分点左右,改造后的居住建筑、公共建筑节能率分别提高30%、20%
11	《加快构建碳排放双控制度体系工作方案》(2024年)	该方案旨在通过建立和完善碳排放总量和强度双控制度体系,推动从能耗双控向碳排放双控的全面转型。这包括将碳排放指标纳入国家规划,并建立健全地方碳考核、行业碳管控、企业碳管理、项目碳评价以及产品碳足迹等政策制度和管理机制。同时,方案还明确了到2025年、"十五五"时期以及碳达峰后三个阶段的工作目标,包括完善碳排放统计核算体系、提升相关计量统计监测能力、实施以强度控制为主、总量控制为辅的碳排放双控制度,并建立碳达峰碳中和综合评价考核制度等。此外,方案还提出了推动省市两级建立碳排放预算管理制度、完善重点行业领域碳排放核算和监测预警机制、健全重点用能和碳排放单位管理制度、发挥市场机制调控作用以及开展固定资产投资项目碳排放评价等多项具体措施

省区市层面绿色低碳建筑相关主要政策　　表2-2

序号	省区市	主要政策
1	北京市	《北京市装配式建筑、绿色建筑、绿色生态示范区项目市级奖励资金管理暂行办法》《北京市建筑绿色发展奖励资金示范项目管理实施细则(试行)》《北京市朝阳区绿色建筑高质量发展的实施意见》《通州区绿色化改造提升项目补助资金管理办法(试行)》
2	上海市	《上海市建筑节能和绿色建筑示范项目专项扶持办法》《关于扶持企业做好节能减排降碳工作的暂行办法》《徐汇区节能减排降碳专项资金管理办法》《普陀区支持节能减排降碳实施意见》《宝山区节能减排专项资金使用管理办法》《浦东新区节能低碳专项资金管理办法》

第2章 国内外建筑低碳发展的新趋势

续表

序号	省区市	主要政策
3	重庆市	《重庆市绿色建筑"十四五"规划(2021—2025年)》《重庆市绿色建筑项目补助资金管理办法》《关于完善重庆市绿色建筑项目资金补助有关事项的通知》、《重庆市绿色低碳建筑示范项目和资金管理办法》
4	天津市	《天津市绿色建筑管理规定》《天津市绿色建筑创建行动实施方案》
5	广东省	《广东省绿色建筑条例》《广东省建筑节能与绿色建筑发展"十四五"规划》《关于支持建筑领域绿色低碳发展若干措施》《深圳经济特区绿色建筑条例》《深圳市工业和信息化局支持绿色发展促进工业"碳达峰"扶持计划操作规程》《广州市黄埔区 广州开发区 广州高新区促进绿色低碳发展办法》《南山区生态环境助力服务高质量发展的若干举措》《中山市工业绿色发展项目资助实施细则(修订)》
6	江苏省	《关于推进全省绿色建筑发展的通知》《江苏省绿色建筑行动实施方案》《江苏省绿色建筑发展专项资金管理办法》《省政府关于促进全省建筑业高质量发展的意见》《南京市绿色建筑示范项目管理办法》
7	山东省	《山东省"十四五"绿色建筑与建筑节能发展规划》《山东省绿色建筑促进办法》《青岛市推进超低能耗建筑发展的实施意见》
8	浙江省	《浙江省绿色建筑条例》(2020年修改版)《浙江省清洁生产推行方案(2022—2025年)》《杭州市科创领域碳达峰行动方案》
9	四川省	《四川省推进绿色建筑行动实施细则》《关于推动城乡建设绿色发展的实施方案》《加快转变建筑业发展方式推动建筑强省建设工作方案》《成都市绿色建筑促进条例》《成都市优化产业结构促进城市绿色低碳发展政策措施》《成都市支持绿色低碳重点产业高质量发展若干政策措施(征求意见稿)》
10	河南省	《河南省绿色建筑行动实施方案》《河南省绿色建筑条例》
11	湖北省	《关于促进全省房地产市场平稳健康发展的若干意见》《关于加快推动绿色金融支持绿色建筑产业发展的通知》《武汉市绿色建筑发展专项资金管理办法》
12	福建省	《福建省绿色建筑行动实施方案》《福建省绿色建筑发展条例》
13	湖南省	《湖南省绿色建筑发展条例》《湖南省"十四五"节能减排综合工作实施方案》《湖南省"绿色住建"发展规划(2020—2025年)》《湖南省"十四五"建筑节能与绿色建筑发展规划(征求意见稿)》
14	安徽省	《安徽省绿色建筑及装配式建筑专项资金管理办法》《安徽省建筑节能降碳行动计划》《安徽省"十四五"城市住房发展规划》《安徽省"十四五"城镇住房保障规划》《安徽省"十四五"建筑业发展规划》《安徽省"十四五"建筑节能与绿色建筑发展规划》《安徽省"十四五"装配式建筑发展规划》《安徽省"十四五"住房和城乡建设科技发展规划》
15	河北省	《河北省促进绿色建筑发展条例》《关于有序做好绿色金融支持绿色建筑发展工作的通知》《河北省关于支持被动式超低能耗建筑产业发展若干政策》《河北省减污降碳协同增效实施方案》
16	陕西省	《关于加快推进我省绿色建筑工作的通知》《"十四五"节能减排综合工作实施方案》
17	江西省	《江西省发展绿色建筑实施意见》《江西省住房城乡建设领域"十四五"建筑节能与绿色建筑发展规划》
18	辽宁省	《辽宁省绿色建筑行动实施方案》《辽宁省推广绿色建筑实施意见》《辽宁省绿色建筑条例》《沈阳市超低能耗建筑项目资金补贴管理细则》
19	云南省	《云南省降低实体经济企业成本实施细则》《云南省绿色建筑创建行动实施方案》
20	广西壮族自治区	《广西绿色制造体系建设工作实施方案》《广西壮族自治区人民政府办公厅关于支持河池市建设绿色发展先行试验区的指导意见》《广西壮族自治区绿色建筑创建行动方案》《广西建筑节能与绿色建筑"十四五"发展规划》

续表

序号	省区市	主要政策
21	山西省	《山西转型综改示范区绿色建筑扶持办法(试行)》《山西省绿色建筑发展条例》《山西省建筑节能、绿色建筑与科技标准"十四五"规划》
22	内蒙古自治区	《关于积极发展绿色建筑的意见》《内蒙古自治区促进建筑业高质量发展的若干措施》
23	贵州省	《加快绿色建筑发展的十条措施》《贵州省"十四五"建设科技与绿色建筑发展规划》
24	新疆维吾尔自治区	《全面推进绿色建筑发展实施方案》《新疆维吾尔自治区绿色建筑创建行动实施方案》《新疆维吾尔自治区城乡建设领域碳达峰实施方案》
25	黑龙江省	《黑龙江省绿色建筑行动实施方案》《黑龙江省超低能耗建筑示范项目奖补资金管理暂行办法》
26	吉林省	《吉林省建筑节能奖补资金管理办法》《吉林省人民政府办公厅关于支持建筑业企业发展若干措施的通知》
27	甘肃省	《关于开展绿色制造体系建设试点工作的通知》《甘肃省"十四五"节能减排综合工作方案》《甘肃省"十四五"建筑节能与绿色建筑发展规划》
28	海南省	《海南省住房和城乡建设厅关于实施绿色建筑行动有关问题的通知》《海南省绿色建筑发展条例》《海南省人民政府办公厅关于进一步推进我省装配式建筑高质量绿色发展的若干意见》
29	宁夏回族自治区	《宁夏回族自治区绿色建筑示范项目资金管理暂行办法》《宁夏回族自治区绿色建筑发展条例》《宁夏城乡建设绿色低碳示范项目资金管理办法》《宁夏回族自治区城乡建设领域碳达峰实施方案》
30	青海省	《青海省绿色建筑行动实施方案》《青海省促进绿色建筑发展办法》
31	西藏自治区	《西藏自治区绿色建筑推广和管理办法》《西藏自治区绿色建筑推广应用工作实施方案》《西藏自治区绿色建筑标识认定工作实施办法(试行)》

在国家及各省市主管部门密集出台绿色低碳法规政策和标准的同时，建筑业相关社会团体、科研院所及企业也积极开展绿色低碳建筑的研究工作，陆续发布多项团体标准，详见表2-3。

绿色低碳建筑相关团体标准　　　表2-3

序号	文件名称	主要内容
1	《零碳建筑认定和评价指南》T/CASE 00—2021	该标准为天津市环境科学学会团体标准，由天津市低碳发展研究中心牵头制定，是中国首个零碳建筑团体标准，填补了国家建筑领域中零碳建筑标准的空白。该标准提供了零碳建筑的认定和评价方法，包括控制指标(建筑室内环境参数、能效指标等)和碳排放量核算标准，旨在助力建筑从绿色建筑、超低能耗建筑、近零碳建筑进一步向"零碳建筑"迈进
2	《低碳建筑整体装修技术规程》T/CABEE 082—2024	该标准为中国建筑节能协会团体标准，适用于新建、改建、扩建的民用低碳建筑整体装修工程的设计、施工、验收及维护，但不包含厨房及类似功能区域。该标准规定了低碳建筑整体装修的能耗和碳排放要求，旨在避免建筑装修对建筑的能耗和碳排放特性的干扰影响，同时提升节能降碳水平。涵盖了保温施工、降低围护结构热桥等重要节点，以及装饰、家电用能设备与光伏系统的集成设计和施工等方面的技术要求
3	《建筑零碳空间评价标准(试行)》T/CABEE 092—2024	该标准为中国建筑节能协会团体标准，是国内首个建筑空间零碳评价标准，填补了行业空白。该标准适用于建筑内部空间，如办公空间、餐饮店、银行网点等，旨在通过系统化的低碳策略，逐步达成低碳、近零碳乃至零碳的发展目标。提出了不同等级空间指标要求，包括空间降碳率、空间本体降碳率等，并涵盖了设计阶段、装修施工阶段、运行阶段的不同降碳技术措施

2.3.2 国内低碳建筑案例

2.3.2.1 近"零碳"建筑——南京绿色灯塔

"南京绿色灯塔"位于南京高新区,于2015年7月落成,用地面积为$9456m^2$,是中国与丹麦合作的示范项目,其设计原则一是尽量减少能耗,通过"智能设计"将能耗降到中国标准需求基准线的60%;二是尽量使用可再生能源,通过主动式设计和采用可再生能源,降低能源需求大约20%。

作为以近"零碳"为标准的建筑,通过"节流和开源"的能源利用方式,实现了能源消费低于$25kWh/(m^2·年)$,其主要采用的节能低碳技术包括:

1. 采光与通风

该建筑圆柱体设计确保了建筑各立面最大限度的采光和通风。通过顶部和四周全方位采光,实现了高效节能。通风系统采用"变风量"新风系统,智能侧窗与天窗承担联动通风功能。

2. 可再生能源利用

在建筑的顶部和周边,均铺设了太阳能光伏发电装置。天窗系统采用全球领先的VELUX(威卢克斯)太阳能动力窗技术,智能开关完全由太阳能供电。

3. 地源热泵技术

建筑内部没有传统空调,制冷供暖依靠全新的地源热泵技术。每层楼板厚度为30cm,中间预埋了具有蓄冷蓄热功能的TABS(热辐射管道系统),分别与地下21口100m深井里的U形管相连。

4. 智能传感器

整座建筑密布无数个智能传感器,光照、温度、湿度、CO_2浓度等的细微变化,均实时传送到智能管理平台。

5. 雨水与风能利用

项目充分收集利用雨水、风能等自然资源,依靠主动式设计,把节能降耗做到了极致。

2.3.2.2 超高层绿色建筑——上海中心大厦

上海中心大厦于2015年建成,高632m,共119层,是中国第一高楼。该建筑位于中国上海市浦东新区陆家嘴,建筑是集商业、办公、酒店、观光于一体的超高层综合性建筑,获得了国家三星级绿色建筑设计标识证书及美国LEED绿色建筑白金级认证。

根据上海中心大厦环境影响报告显示:建筑综合节能率大于60%;室内环境达标率100%;非传统水资源利用率大于40%;可循环材料使用率大于10%。该建筑采取了多项节能低碳技术,包括:

(1) 采用被动式双层玻璃幕墙设计,通过优化建筑形态和幕墙结构,减少能耗。

(2) 大厦顶部安装风力发电机,利用风能发电,供给顶部景观照明及用电需求,以减少对化石能源的依赖；大厦采用地源热泵系统，利用地下恒温原理，冬季将地面温度较低的水通过地下管道进行水循环，使水温上升至恒温；夏季则使水温下降至恒温，以减少能源消耗。

（3）采用中央集成管理系统，对大厦内的能耗进行实时监测和管理，提高能源利用效率；建立能源中心，探索多种能源的智能化运行管理系统，夏季或秋季，早晨或中午，都会根据不同的需求启用不同的供能搭配。

（4）通过雨水收集和中水回用系统，实现水资源的循环利用，减少水资源的浪费。

2.4 "好房子"助力建筑低碳发展

2.4.1 "好房子"的定义与内涵

为了适应全面建设社会主义现代化国家新阶段的发展，2024年召开的全国住房和城乡建设工作会议指出，"当前人民群众对住房和城乡建设的要求从'有没有'转向'好不好'"，部署了关于"让人民群众住上更好的房子"和"提升住房品质"的重点工作要求，以新时代好房子作为目标指引，构建适应新阶段的新发展格局。当前，我国住房建设领域正处于大量建设与存量更新并举的新发展阶段，人民群众居住条件显著改善，住房发展取得巨大成就，对推动以人为核心的新型城镇化、促进经济社会发展发挥了重要作用。但是，住房建设不仅存在整体居住环境质量与建筑全寿命周期性能不高、建设质量通病未根治等亟待解决的现状问题，还存在着建设能源资源消耗较高、环境影响较大、绿色低碳发展不平衡的可持续性问题。新时期，我国住房建设亟须在落实国家碳达峰碳中和战略的同时，着力解决人民日益增长的美好生活需要与不平衡不充分的发展之间的矛盾，全面推进住宅建设向绿色、低碳、宜居的高质量发展方向转型升级，使人民的获得感、幸福感变得更加高品质、更可持续。

在此背景下，我国"好房子"建设工作应运而生。好房子标准是以满足人民日益增长的美好生活需要为出发点，以实现"住有所居"向"住有宜居"迈进为目标，通过明确好房子标准的顶层设计，以适应新阶段，满足新需求，构建我国当代住房建设新发展格局，让人民群众住得放心、安心、舒心。

中国建设科技集团股份有限公司副总建筑师刘东卫等指出，新时代好房子的定义与内涵为绿色低碳、品质长久、环境宜居的"新型全寿命优质住宅"，其标准的框架指标体系由一个具有系统性多层级要素构成，包括绿色低碳的宏观层级、品质长久的建筑层级、环境宜居的区域层级三大内涵，以及六个基本方面框架指标构成，即安全耐久、居住适应、健康舒适、生活便利、运维长效、环境友好的新型建筑产品。湖南省建筑设计院集团股份有限公司总建筑师黄劲等认为，新时代背景下的好房子应满足宜居、安居、乐居三大标准，坚持绿色化、智能化、人性化，从自然、社会、人性三个层面，建设顺应环境友好的宜居之房、符合社会需求的安居之房、满足人性本能的乐居之房，构建"三位一体"的建筑评价指标体系。

2.4.2 "好房子"的低碳要素

2.4.2.1 低碳环保布局

1. 选址与功能确定

在建筑设计初期就要重点考虑到低碳住宅建筑理念。在选择合适的住宅建筑选址时，充分考虑建筑地址周围的地理环境、气候因素、周围建筑等多方面要素，来确定住宅建筑的综合性功能，以确保最大限度地实现土地资源的利用的同时可以增加更多的绿色元素。切实结合选址的具体面积、地形等，在不做较大变动的基础上进行住宅建筑建设，尽可能不破坏区域范围内的生物多样性，且能最大程度上利用住宅建筑的占地面积、通风和采光优势等，并能与周围的植被种类和分布实现契合，尽可能维持周边生态平衡。

2. 规划设计与布局

由于我国整体上地理位置的原因，住宅建筑多为坐北朝南的方向，并且合理的楼间距和面宽能最大程度上保证住宅建筑获取充足自然光，当然，具体情况要因地制宜考虑。通风方面，最大程度上利用自然风，既可以保证空气质量，又能实现通风的良性循环。从低碳住宅建筑理念出发，无论是墙体材料还是门窗材料一般都建议选择相对环保的材料类型。墙体要兼具防水、隔热、保温功效，考虑经济造价等方面问题，严格控制门窗与建筑的整体比例协调性，最大限度利用自然光照和自然风。在选择节能、环保材料的同时也要重点考虑材料性能和性价比，选择经济适用且不会造成大面积环境污染和能源消耗的材料类型。

2.4.2.2 低碳节能设计及技术

1. 照明设计及节能灯具

在建筑设计时，要考虑自然光的充分利用。尽可能在白天，建筑内部可以在不利用设备照明的情况下得到更好的照明效果。在夜间时，照明设备要考虑使用节能光源，并根据住宅建筑的使用需求及功能特性选择光源利用率更高，以及能耗更低的照明设备。

2. 可再生能源及其他资源的利用

随着碳达峰、碳中和目标的提出，我国更加注重可再生能源的利用和发展，形成以可再生能源法为基础的多项相关政策，以便于快速推动低碳、循环发展。太阳能是一种分布广泛、取之不尽、用之不竭的清洁资源，有多种利用方式，如太阳能热利用技术、太阳能光伏利用技术、太阳自然光引导技术、利用太阳能加强自然通风及利用太阳能制冷。例如，可以考虑在建筑物的表面使用太阳能收集板，进行太阳能收集，将太阳能转化成生活所需要的其他能源，用于烧热水、做饭等，一些温度比较低的地方，太阳能也被广泛应用于建筑供暖，以减少在供暖方面煤炭等污染量大、不可再生能源的使用。部分地区也可以充分利用当地自然优势，进行风能的开发与利用，例如，安装小型风能发电机解决电能问题等。在自然能源的使用方面尽可能提升可再生能源的利用程度，切实实现节能减排。

另外是其他资源的回收利用，无论是住宅建筑的建造或是使用过程中，都会产生废物或者废水。在建筑设计之初，可以设计专门的洗车池，既可以节省水资源，又可以实现水资源的二次利用。设计排水沟，规范水资源使用等都是低碳住宅建筑理念的具体体现。关于污水处理和二次利用，施工过程中施工人员可以使用专业的污水处理设备对施工现场污水进行系统化处理，将实现净化的再生水用于下一阶段的应用。

3. 保温系统及供暖系统节能

随着中国城市化发展的速度越来越快，我国对能源的需求更加旺盛。特别是在北方温度极低的冬季，供热系统能源的消耗十分严峻，根据中国建筑节能协会和重庆大学统计，2021年，中国城市建筑集中供热碳排放4.8亿tCO_2，同比增长3.3%，其中城镇居住建筑排放3.6亿tCO_2，占比75%，公共建筑排放1.2亿tCO_2，占比25%。2010~2021年，建筑集中供热碳排放增长1.1亿tCO_2，年均增速为2.5%，其中居住建筑排放增长0.9亿tCO_2，年均增速为2.8%，公共建筑排放增长0.2亿tCO_2，年均增速为1.7%。2010年以来，我国建筑集中供热碳排放强度持续下降，我国建筑单位集中供热量碳排放由2010年的99.9$kgCO_2$/GJ降至2021年的87.2$kgCO_2$/GJ，降幅为12.7%。根据最新发布的《中国城乡建设领域碳排放研究报告（2024年版）》，单位面积供热量由2000年的0.98GJ/m^2降至2022年的0.38GJ/m^2，降幅为61.7%；城市建筑集中供暖单位集中供热面积碳排放由2000年的97.1$kgCO_2/m^2$降至2022年的31.7$kgCO_2/m^2$，降幅为67.4%。通过节能技术推动供热系统改革，在保证供暖需求及人员舒适的同时，提高能源利用效率、降低供暖能耗，是"好房子"建设的重要手段之一。

另外，在建筑设计及施工时可以选用低碳环保的保温材料，并结合现代化的技术，设置比较完善的保温系统，确保住宅建筑提升房屋保温效果以及降低建筑内部热能丧失程度。在进行阳台设计的时候，也可以充分考虑到自然光的应用，提升自然采光应用效率，提升住宅建筑舒适度和保温性能。

4. 景观绿植设计

景观绿植是提升居民幸福感，美化住宅建筑环境的重要性因素之一。绿植可以吸收氧气中的CO_2，实现低碳、绿色、环保，给住户以更适宜的生活环境。当然随着人们经济水平的不断提升，住户对住宅建筑的景观设计和低碳环保性能也有了更高要求。在低碳住宅建筑设计中多以立体式的景观设计为主，一方面，这种设计可以最大限度节省住宅建筑的占地面积，提升土地利用率；另一方面，也可以最大限度实现绿植覆盖，以更有效、更经济的方式提升住户的居住适宜度和满意度。立体式的住宅建筑不仅更符合现代居民的住宅需求，也与现代城市健康、可持续发展的理念是相吻合的。

2.4.3 "好房子"相关实践

为响应国家政策号召、满足人民群众对高质量居住环境的追求、推动房地产行业的转型升级，相关政府部门、建筑业企业、社会团体及科研机构积极开展"好房子"相关实践工作，我国部分"好房子"相关项目概况见表2-4。

第2章 国内外建筑低碳发展的新趋势

我国部分"好房子"相关项目概况　　　　表2-4

地区	项目名称	主要特点与优势
北京市	北京城建·世华龙樾	地理位置优越,高品质房屋质量,完善配套设施
	万科翡翠公园	高端住宅项目,精致室内设计,优质物业服务
	中关村科源社区改造项目	北京首个成片区"自拆自建"项目,采取"统一规划、分步实施"方式,未来居民将住上更宽敞舒适的新楼,并增加停车、养老、商业等配套设施
	北京宸园	位于城市中央公园群中,拥有朝阳公园等自然景观;采用全石材立面和庑殿顶设计,展现传统美感与耐久性;提供全方位无忧服务,包括高端会所等
上海市	上海汤臣一品	位于陆家嘴金融贸易区,拥有无敌江景;建筑外观采用现代简约风格,内部装修奢华;提供顶级配套服务和尊贵身份象征
	绿地海珀外滩(上海)	位于汉口江滩,享有江景美景;采用现代建筑风格,设计高端;配套完善,交通便利,尊享城市繁华与江景美景
	仁恒公园世纪	注重生态环境,居住舒适度高,高品质居住体验
广东省	广州侨鑫汇悦台	位于珠江新城,拥有一线江景;采用国际级设计,装修奢华;配套顶级,尊享城市核心资源
	深圳湾一号	作为深圳顶级豪宅,享有卓越地理位置;设计高端,配套设施完善;周边环境优美,是深圳豪宅市场的佼佼者
	深圳安居景馨苑	高密度城区混凝土模块化高层建筑,保障性住房示范,装配式与智能建造
	广州万科幸福誉	优质教育资源,便捷交通,完善社区配套
山东省	新东升·佑园	作为首批高品质住宅试点项目之一,该项目质量过硬,施工过程中形成了超越行业标准的施工手册和施工合同,赢得了良好口碑
	中德·绿色恬园零碳社区	以低碳节能为主要特点,100%应用了被动式超低能耗技术和三星级绿色建筑标准,为住宅项目降碳贡献了实践经验
陕西省	西安中铁阅唐府	独特设计理念,高品质居住环境,附属景观美学价值高,创新设计
湖南省	长沙万科魅力之城	优质学区资源,便捷交通,完善社区配套
浙江省	杭州万科大都会79号	高端住宅项目,精致室内设计,优质物业服务,独特建筑风格
	杭州绿城桃花源	位于杭州余杭区,拥有自然生态环境;采用中式园林风格,设计高品质;物业服务优质,尊享自然与宁静
江苏省	苏州金鸡湖畔别墅	位于苏州工业园区金鸡湖畔,享有湖景美景;采用欧式园林风格,设计高品质;配套完善,尊享湖景与自然风光
四川省	成都蔚蓝卡地亚花园城	位于成都天府新区,是高端住宅社区;采用欧式园林风格,装修高品质;配套完善,尊享城市与自然结合
湖北省	武汉绿地海珀外滩(武汉)	位于武汉核心区域,享有江景美景;设计现代高端,配套完善;提供高品质居住体验

2024年5月25日～6月1日,"住房和城乡建设部好房子科技展"亮相2024年全国科技活动周。该展览由住房和城乡建设部标定司、住房和城乡建设部科技与产业化发展中心组织,"住房和城乡建设部智慧低碳建筑技术创新中心""住房和城乡建设部全屋智能重点实验室"技术支持,中建科工、华为等10余家企事业单位共同打造,生动地呈现"好

房子"的智能建造、装配式装修、绿色低碳、全屋智能等集成应用技术，并重点展出了"好房子移动展示房"。

2023年8月31日，由住房城乡建设部工程质量安全监管司指导，中国勘察设计协会主办，中国勘察设计协会建筑分会承办的全国"好房子"设计大赛启动仪式在京举办。该赛事以"新设计·新住宅·新生活"为主题，紧密围绕住房和城乡建设工作会议部署以及住房城乡建设部部长倪虹"牢牢抓住让人民群众安居这个基点，以努力让人民群众住上更好的房子为目标"的要求，旨在以高品质设计推动高品质建造，引领勘察设计行业高质量发展。该赛事共有220家设计单位的384支设计团队提交了参赛作品，其中，北京参赛作品176个，南京参赛作品208个。2024年1月7日，该赛事成果正式发布，共120个作品获奖，其中，《"大庇天下001号"实验工程》《无界小镇》等15个作品荣获一等奖，《城市绿岛·活力社区——花园小区·绿色住宅》《复·兴聚落》等21个作品荣获二等奖，《享万象·悦未来》《编织聚落》等36个作品荣获三等奖，《"阳光智居"住宅项目方案设计》《圆环游戏——工业遗存中的住区露天乐场》等48个作品荣获优秀作品奖。

好房子人居科技实验室位于北京市顺义区空港街道天柱东路，由住房和城乡建设部科技与产业化发展中心牵头，联合国家市场监督管理总局认证认可技术研究中心、北京中建协认证中心有限公司、中碳实验室（北京）数字科技有限公司等单位共建。围绕低碳、健康、智慧、安全四个重点方向，以"循证研究"为主要方法，构建有代表性的室内人居环境实体测试空间以及数字化平台，通过专项研究为提升住房品质，提升房屋建设产业链整体竞争力提供了科学的解决方案。

2.5 城市更新的低碳发展新机遇

2.5.1 我国城市更新相关政策

在快速城镇化进程中，城市发展面临一系列新挑战与机遇的交织期。随着城镇化率的不断提升，大城市尤其是一线城市的土地资源日益紧张，已建设用地的高效利用成为迫切需求。过去粗放式的城市发展模式导致了土地利用的低效和片区综合效益不高，城市内部的老旧小区、旧工业区、城中村等存量片区亟需改造升级，以适应新时代居民对高品质生活和优质城市环境的新期待。同时，随着经济的快速发展和社会结构的深刻变化，居民对城市功能的需求也日益多元化和个性化。完善的基础设施、丰富的公共服务、宜居的生态环境成为衡量城市品质的重要标准。因此，城市更新不仅是解决土地和资源约束问题的关键举措，更是提升城市竞争力、促进经济社会可持续发展的必由之路。

在此背景下，我国政府高度重视城市更新工作，将其纳入国家发展战略，出台了一系列政策措施，鼓励和支持各地因地制宜开展城市更新实践。通过城市更新，旨在优化城市空间布局，提升城市功能和居住环境，推动产业升级和结构调整，构建更加宜居、宜业、宜游的现代化城市。这一战略不仅有助于解决当前城市发展面临的突出问题，更为未来城市的可持续发展奠定了坚实基础。国家层面城市更新相关政策见表2-5，典型省区市城市更新相关政策见表2-6。

第2章 国内外建筑低碳发展的新趋势

国家层面城市更新相关政策 表 2-5

序号	文件名称	主要内容
1	《关于全面推进城镇老旧小区改造工作的指导意见》（2020年）	明确提出工作目标：2020年新开工改造城镇老旧小区3.9万个，涉及居民近700万户；到2022年，基本形成城镇老旧小区改造制度框架、政策体系和工作机制；到"十四五"期末，结合各地实际，力争基本完成2000年底前建成的需改造城镇老旧小区改造任务。城镇老旧小区改造内容可分为基础类、完善类、提升类3类
2	《2021年新型城镇化和城乡融合发展重点任务》（2021年）	实施城市更新行动。在老城区推进以老旧小区、老旧厂区、老旧街区、城中村等"三区一村"改造为主要内容的城市更新行动。加快推进老旧小区改造，2021年新开工改造5.3万个，有条件的可同步开展建筑节能改造。在城市群、都市圈和大城市等经济发展优势地区，探索老旧厂区和大型老旧街区改造。因地制宜将一批城中村改造为城市社区或其他空间
3	《关于开展第一批城市更新试点工作的通知》（2021年）	决定在北京、唐山、呼和浩特、沈阳、南京、苏州、宁波、滁州、铜陵、厦门、南昌、景德镇、烟台、潍坊、黄石、成都、西安、银川、重庆渝中区、重庆九龙坡区等城市或市辖区开展第一批城市更新试点工作。重点工作包括：探索城市更新统筹谋划机制、探索城市更新可持续模式、探索建立城市更新配套制度政策
4	《关于进一步明确城镇老旧小区改造工作要求的通知》（2021年）	为扎实推进城镇老旧小区改造，既满足人民群众美好生活需要、惠民生扩内需，又推动城市更新和开发建设方式转型，提出：把牢底线要求，坚决把民生工程做成群众满意工程；聚焦难题攻坚，发挥城镇老旧小区改造发展工程作用；完善督促指导工作机制
5	《2022年新型城镇化和城乡融合发展重点任务》（2022年）	有序推进城市更新。加快改造城镇老旧小区，推进水电路气信等配套设施建设及小区内建筑物屋面、外墙、楼梯等公共部位维修，有条件的加装电梯，力求改善840万户居民基本居住条件。更多采用市场化方式推进大城市老旧厂区改造，培育新产业、发展新功能。因地制宜改造一批大型老旧街区和城中村。注重修缮改造既有建筑，防止大拆大建
6	《关于在超大特大城市积极稳步推进城中村改造的指导意见》（2023年）	在超大特大城市积极稳步实施城中村改造是改善民生、扩大内需、推动城市高质量发展的一项重要举措。 要坚持稳中求进、积极稳妥，优先对群众需求迫切、城市安全和社会治理隐患多的城中村进行改造，成熟一个推进一个，实施一项做成一项，真正把好事办好、实事办实
7	《关于扎实有序推进城市更新工作的通知》（2023年）	为扎实有序推进实施城市更新行动，提高城市规划、建设、治理水平，推动城市高质量发展，提出坚持城市体检先行、发挥城市更新规划统筹作用、强化精细化城市设计引导、创新城市更新可持续实施模式、明确城市更新底线要求
8	《支持城市更新的规划与土地政策指引（2023版）》	提出将城市更新要求融入国土空间规划体系，针对城市更新特点改进国土空间规划方法，完善城市更新支撑保障的政策工具，加强城市更新的规划服务和监管
9	《关于进一步加强规划土地政策支持老旧小区改造更新工作的通知》（2024年）	从深化调查评估、加强规划统筹、强化政策支持、优化审批流程等四个方面提出举措要求，完善老旧小区改造相关的规划土地政策
10	《深入实施以人为本的新型城镇化战略五年行动计划》（2024年）	实施城市更新和安全韧性提升行动，通过改造老旧小区、推进保障性住房建设、治理城市洪涝和提升城市生命线安全，打造宜居、韧性、智慧城市。 加大中央财政性建设资金对符合条件的保障性租赁住房、城镇老旧小区改造、城市燃气管道等老化更新改造、城市排水防涝、超大特大城市"平急两用"公共基础设施建设等项目的支持力度。中央财政城镇保障性安居工程补助资金对符合条件的保障性住房、城中村改造项目予以积极支持。地方政府专项债券支持符合条件的保障性住房建设、"平急两用"公共基础设施建设、城中村改造项目。采取特许经营模式，规范实施政府和社会资本合作新机制。有效发挥城中村改造专项借款作用。支持符合条件的城市更新项目发行基础设施领域不动产投资信托基金。建立可持续的城市更新模式和政策法规，落实相关税费优惠减免政策。研究完善城市更新的土地和规划政策

续表

序号	文件名称	主要内容
11	《关于开展城市更新示范工作的通知》(2024年)	自2024年起,中央财政创新方式方法,支持部分城市开展城市更新示范工作,重点支持城市基础设施更新改造。 中央财政按区域对示范城市给予定额补助。其中:东部地区每个城市补助总额不超过8亿元,中部地区每个城市补助总额不超过10亿元,西部地区每个城市补助总额不超过12亿元,直辖市每个城市补助总额不超过12亿元。资金根据工作推进情况分年拨付到位。 示范城市通过多种渠道筹集资金,系统化推进城市更新行动,统筹推进城市地下管网和综合管廊建设、污水管网"厂网一体"建设改造、市政基础设施补短板、老旧片区更新改造等工作,优化城市空间布局,完善城市功能
12	《2024年城市更新行动评审结果公示》(2024年)	石家庄、太原、沈阳、上海、南京、杭州、合肥、福州、南昌、青岛、武汉、东莞、重庆、成都、西安等城市拟获得财政部支持城市更新行动

典型省区市城市更新相关政策　　表2-6

序号	省区市	政策文件
1	北京市	《北京市城市更新条例》《北京市城市更新专项规划(北京市"十四五"时期城市更新规划)》《北京市城市更新实施方案编制工作指南(试行)》《北京市城市更新项目库管理办法(试行)》《北京市城市更新专家委员会管理办法(试行)》《北京市城市更新实施单元划定工作指引(试行)》《北京市城市更新实施单元统筹主体确定管理办法(试行)》《北京市关于深化城市更新中既有建筑改造消防设计审查验收改革的实施方案》
2	天津市	《天津市城市更新行动计划(2022—2025年)》《天津"津城"城市更新规划指引(2023—2027年)》《天津市城市更新行动计划(2023—2027年)》
3	河北省	《关于实施城市更新行动的指导意见》
4	山西省	《山西省深入推进以人为本的新型城镇化战略实施方案(2025—2029年)》《山西省城镇老旧小区改造攻坚行动方案(2021—2025年)》《山西省住房和城乡建设厅关于进一步规范城镇老旧小区改造工程建设组织管理的通知》《山西省推进建筑和市政基础设施设备更新工作实施方案》
5	内蒙古自治区	《关于实施城市更新行动的指导意见》《支持城市更新的规划与土地政策指引(2023版)》《鄂尔多斯市城市更新行动实施方案(2023—2025年)》
6	辽宁省	《辽宁省"十四五"城乡建设高质量发展规划》《辽宁省城市更新条例》《住房和城乡建设部辽宁省人民政府共建城市更新先导区实施方案》
7	吉林省	《吉林省新型城镇化规划(2014—2020年)》《长春市城市更新行动纲要(2021—2025年)》
8	黑龙江省	《黑龙江省人民政府办公厅关于全面推进城镇老旧小区改造工作的实施意见》《黑龙江省城市燃气管道等老化更新改造工作方案(2022—2025年)》
9	上海市	《上海市城市更新条例》《上海市城市更新行动方案(2023—2025年)》《关于深化实施城市更新行动加快推动高质量发展的意见》《关于加快转变发展方式集中推进本市城市更新高质量发展的规划资源实施意见(试行)》
10	江苏省	《关于实施城市更新行动的指导意见》《关于支持城市更新行动的若干政策措施》
11	浙江省	《关于全面推进城镇老旧小区改造工作的实施意见》《关于稳步推进城镇老旧小区自主更新试点工作的指导意见(试行)》《杭州市全面推进城市更新行动方案(2023—2025年)》
12	安徽省	《关于实施城市更新行动推动城市高质量发展的实施方案》
13	福建省	《福建省人民政府关于进一步推进工业用地提质增效促进工业经济高质量发展的通知》《福建省推动大规模设备更新和消费品以旧换新行动实施方案》《福州市城市更新专项规划(2021—2025年)》

续表

序号	省区市	政策文件
14	江西省	《江西省城市更新规划编制指南(试行)》《江西省城市功能与品质提升三年行动2021年工作方案》《关于加快推进城中村和老旧房屋改造的指导意见》《江西省"十四五"支持产业转型升级示范区建设若干政策措施》
15	山东省	《山东省城市更新行动实施方案》
16	河南省	《河南省"十四五"城市更新和城乡人居环境建设规划》《河南省人民政府办公厅关于实施城市更新行动的指导意见》
17	湖北省	《湖北省城市更新工作指引(试行)》
18	湖南省	《关于推动城乡建设绿色发展的实施意见》
19	广东省	《广东省"三旧"改造(城市更新)政策汇编(2023版)》《关于深化改革加快推动"三旧"改造促进高质量发展的指导意见》《珠海市城市更新(全面改造)2023—2025年中长期计划》
20	广西壮族自治区	《广西全面统筹和加强城镇市政基础设施建设与融资工作助力新型城镇化高质量发展三年行动方案》《广西城市更新试点实施方案》《百色市城市更新管理暂行办法》《广西壮族自治区城镇老旧小区改造"十四五"规划(2021—2025年)》《广西推进建筑和市政基础设施设备更新工作实施方案》
21	海南省	《海南省"十四五"新型城镇化规划》《海南省城市供排水管道老化更新改造实施方案(2023—2025年)》《关于支持城市更新规划和用地保障的指导意见》
22	重庆市	《重庆市城市更新管理办法》《重庆市城市更新提升"十四五"行动计划》
23	四川省	《四川省城市更新工作指引》《四川省"十四五"新型城镇化实施方案》《四川省推动大规模设备更新和消费品以旧换新实施方案》《四川省城市燃气管道等老化更新改造方案(2022—2025年)》《四川省城市燃气管道"带病运行"问题专项治理方案》
24	贵州省	《贵州省城市更新行动实施方案》
25	云南省	《云南省人民政府关于统筹推进城市更新的指导意见》
26	西藏自治区	《西藏自治区推进建筑和市政基础设施设备更新工作实施方案》《拉萨市系统化全域推进海绵城市建设工作方案(2023—2025年)》
27	陕西省	《陕西省"十四五"住房和城乡建设事业发展规划》《西安市城市更新办法》
28	甘肃省	《甘肃省人民政府办公厅关于全面推进城镇老旧小区改造工作的实施意见》《甘肃省新型城镇化规划(2021—2035年)的实施方案》《深入实施以人为本的新型城镇化战略五年行动计划方案》
29	青海省	《青海省深入实施以人为本的新型城镇化战略五年行动计划的实施方案》《青海省加力推动大规模设备更新和消费品以旧换新实施方案》《青海省推动大规模设备更新和消费品以旧换新实施方案》
30	宁夏回族自治区	《关于统筹推进城市更新的实施方案》《宁夏回族自治区城市更新技术导则》
31	新疆维吾尔自治区	《支持城市更新的规划与土地政策指引(2023版)》《哈密市城市更新管理办法》

2.5.2 城市更新中的低碳策略与实践

随着全球气候变暖的加剧,极端天气事件频发,对人类社会的生存和发展构成了严重威胁,城市作为碳排放的主要源头,其低碳发展对于减缓气候变化、降低温室气体排放具有至关重要的作用。因此,城市低碳发展已成为全球共识,是各国政府和国际社会共同应对气候变化的重要手段。另外,通过优化能源结构、提高能源利用效率、推广绿色建筑和绿色交通等措施，城市低碳发展可以降低能源消耗和环境污染，提高城市的生态承载力和环境容量，从而保障城市的可持续发展。此外，低碳城市注重节能减排、资源循环利用和生态保护，通过提供健康、舒适、便捷的生活环境，如增加城市绿地面积、改善空气质量、优化交通出行等，可以提升居民的生活品质和幸福感。

城市更新作为城市发展的重要策略，通过优化城市交通网络、推广高效节能的绿色建筑、利用清洁能源替代传统高碳能源、提升城市规划的科学性和合理性等多元化手段，对城市低碳发展起到了关键的推动作用，城市构建了更加绿色、低碳、可持续的发展模式，是实现城市长远发展与应对全球气候变化挑战的关键路径。

2.5.2.1 城市更新推动低碳交通发展

城市更新过程中，通过优化城市交通布局和完善公共交通设施（如建设高效的公共交通网络、提高轨道交通覆盖率、推动电动公交、增设自行车道和充电桩等设施），鼓励市民使用公共交通、自行车等低碳出行方式，有效减少私人车辆的使用，进而降低交通拥堵和碳排放。

在项目实践上，深圳在公共交通领域的低碳发展方面取得了显著成效，具体措施包括：

1. 实现公交车 100% 电动化

据统计，深圳市电动公交车辆每年减少达 135.3 万 tCO_2 排放，氮氧化物、非甲烷碳氢、颗粒物等污染物排放量也大幅降低。纯电动公交车辆较传统柴油大巴节能 72.9%，年度总节能约 36.6 万 tce，替代燃油总量 34.5 万 t。

2. 在出租车、物流车等领域广泛应用了新能源汽车

纯电动巡游车较汽油车节能 67.36%，2.16 万辆纯电动车年度总节能 22.88 万 tce，替代燃油 15.54 万 t，减少碳排放量 71.57 万 tCO_2，约相当于 5 个梧桐山风景区绿植一年的 CO_2 吸收量。

3. 智慧综合充电站建设

福田深康充电驿站为深圳首座集光伏、储能、超充、V2G 于一体的智慧综合充电站。该充电站配置了高功率电池和电源柜，以及多种充电车位，包括支持 480kW 液冷超级充电的车位。液冷超充枪电流是标准充电枪的 2 倍，重量减轻 30%，线径减少 50%，降低了车主操作难度。充电效率高，理论上仅需充电 5min，就可实现车辆续航 200km。

4. 公交线网优化

深圳公交通过调研深度挖掘市民出行需求，并采取了一系列优化措施，如：新增以中小巴为主的轨道接驳线路，延长接驳线路服务时间，开行夜班线路；提高接驳线路高峰时段服务频次，优化同质化运营线路；扩大轨道一次接驳覆盖范围，提升全市公交接驳地铁换乘率。

2.5.2.2 城市更新促进低碳建筑发展

城市更新还大力推广绿色建筑，通过采用节能技术、可再生能源等手段，提高建筑能效，降低碳排放。对存量建筑进行改造（如增加保温层、更换高效窗户、提升屋顶隔热性能），提高其能效，也是城市更新对低碳城市建设的重要贡献。通过建筑节能改造、加装太阳能设备等措施，可以实现存量建筑的低碳化。

2023年8月山西太原规模最大的老旧小区节能改造工程完工。改造范围涵盖了太原市6个城区652个小区2337栋楼，总建筑面积约1002万m^2，据统计，改造后，老旧建筑能耗降低了75%，冬季户均温度提高了3~4℃，夏季可降低室温2~3℃，相当于年减少供暖期原煤燃烧19.35万t。

2.5.2.3 城市更新促进能源结构优化

城市更新过程中，鼓励使用清洁能源，如太阳能、风能等，替代传统的高碳排放能源，从而降低城市的碳排放。同时，加强电网建设，提高电网智能化水平，实现电力资源的优化配置，有利于提高能源利用效率，降低碳排放。

在项目实践上，中国建筑科学研究院空气调节研究所办公楼位于北京市朝阳区，建于20世纪70年代，总建筑面积3000m^2，2021年，通过利用光伏主导的低碳技术对该建筑实施全面改造，实现了零碳运行目标。具体改造措施及成果包括：

1. 对建筑单体实施一体化改造

改造中充分保留原有建筑的外观风貌，针对建筑热工薄弱环节，实施全楼门窗幕墙改造，整体更换一级能效供暖、空调设备系统，降低建筑自身能耗，改造后实测全年碳排放量为189tCO_2，较改造前减少15%左右。

2. 探索光伏主导的低碳技术

采用屋顶附加式、一体化水平铺设等方式，安装发电特性好、透光度高的碲化镉薄膜光伏幕墙，实测建筑光伏系统全年碳减排量192tCO_2。

3. 基本实现能源全年自平衡

采用自发自用、余电上网模式，光伏发电与建筑用电基本同频、同步，光伏消纳比例高，多余发电供给园区，实测每年可节约电费22万元，投资回收期6.5年，经济收益良好。

2.5.2.4 城市更新助力规划水平提升

通过科学的城市规划，合理布局城市空间，实现城市功能的优化组合，有利于降低碳排放。城市更新过程中，通过开展生态修复工程、增加城市绿地、开展屋顶绿化和建设生态湿地，提升城市的碳汇能力，有助于抵消部分碳排放，实现城市的低碳化。

广东省是我国红树林面积最大、保护修复基础较好的省份。2021年，我国首个符合核证碳标准（VCS）和气候社区生物多样性标准（CCB）的红树林碳汇项目——湛江红树林造林项目通过评审，并成功完成全国首笔"蓝碳"交易，北京市企业家环保基金会购买了首笔5880tCO_2减排量，此次交易所得收益用于反哺红树林生态修复工作；惠州市惠东县是广东省近年来红树林营造修复成效最突出的县区。2024年7月，广东能源集团节能降碳有限公司以超400万元竞得惠东县10年期红树林碳汇开发权，交易涉及的红树林为2016~2021年间在惠东考洲洋内新营造的204.85公顷红树林，出让期为2022年8月1日~2032年7月31日，造林项目总减排量为4.36万tCO_2e。

第3章

建筑行业碳达峰碳中和的实施路径探索

3.1 概要

建筑全生命周期包括建材生产阶段、建筑施工阶段、建筑运行阶段、建筑拆除及回收阶段。为了实现建筑领域的碳达峰与碳中和目标,加强建筑产业链各环节之间的协同合作至关重要。从建筑设计、建材生产、施工到运营维护,所有参与方应携手合作、共同制定并执行减碳目标,通过这些多维度、全方位的减碳策略,推动建筑产业链向低碳、绿色方向发展。

在建材生产环节,水泥和钢铁等高能耗材料的制造过程被广泛认为是碳排放的主要来源。通过优化生产工艺流程、探索并选用低碳或替代原料和提高能源利用效率等措施,可有效降低建材生产环节碳排放。

建筑施工阶段,需要积极引导企业开展绿色施工,做好施工规划,减少资源能源消耗;同时需在施工场地种植绿化,施工后开展植被恢复,增加碳汇。

建筑运行阶段可通过全面推行电气化,推广节能冷水机组、节能电器,引进热泵,北方地区采取集中供暖等措施降低建筑运行能耗和碳排放;建筑内应用光伏电力、风电等可再生能源是实现零碳建筑的关键举措。

建筑拆除及回收阶段需积极推广使用新能源驱动的拆除设备以减少化石燃料消耗,采用先进的拆除技术和工艺以降低建筑废弃物产生并提高拆除效率。另外,应加强对建筑废弃物的分类处理与循环利用,确保有价值的材料得以回收再利用,减少新材料的生产需求及其伴随的碳排放。同时,还应探索和实施低碳或零碳的建筑废弃物处理方法,如生物降解或热解等,以进一步降低该阶段的整体碳排放。

此外,建筑实现碳达峰、碳中和的关键在于其设计过程是否深度融入了低碳要素,并严格遵循低碳设计要求。在建筑设计时除了需要满足建筑基本功能外,还需要将绿色、低碳建材融入其中,同时结合当地气候环境进行被动式设计,充分利用采光、通风条件,达到低碳运行。

建筑作为社会运行中的一部分，其脱碳离不开社会各方面的支持及发展。一方面，能源供给侧需要持续增加可再生能源供应，发展储能及特高压电网技术，将可再生能源稳定地供应给需求侧，满足社会各行业对于脱碳的需求；另一方面，各行业新技术的进步，诸如高效光伏发电设施、新型节能墙体材料、高效冷水机组的出现对于建筑脱碳起到关键作用。同时，全社会的脱碳离不开政府的宏观规划、政策推动。有关研究也提出了建筑脱碳的实现路径，涉及三个层面脱碳（提高能源效率、使用可再生能源、减少建筑全生命周期的隐含碳）、同时考虑运行碳和隐含碳、关注项目的早期阶段、利用轻质材料、考虑生物来源的材料、承认室内元素是潜在的碳排放者、重复使用或回收现有材料、使用生命周期评估或第三方验证的环境产品声明（Environmental Product Declaration，EPD）、使建筑物进入循环经济、支持全球倡议等策略。

本章将对建筑全生命周期内的四个核心阶段，即建材生产、建筑施工、建筑运行、建筑拆除与回收的减碳行动路径展开剖析，期望能为行业内的广大从业者、研究者以及政策制定者提供一些具有参考价值的思路与方法。本章还简要介绍了建筑碳汇方面的负碳技术，为建筑行业迈向碳中和目标提供了全新的思路与可能。为了能更直观地展现减碳成果，本章列举了已实现低碳或零碳目标的典型建筑及建筑企业实例，为行业内其他参与者提供一些可供借鉴的实践经验与思路。

3.2 建材生产运输阶段脱碳

根据《中国城乡建设领域碳排放研究报告（2024年版）》，建材生产运输阶段占全国能源相关碳排放的比例为16.7%。建筑材料作为构成建筑的基础硬件，种类繁多，包括钢铁、水泥、混凝土等传统结构建材，还包括装饰材料、保温材料、玻璃幕墙等功能性材料。一方面，大部分建材在生产过程中需要消耗大量不同的能源，例如，钢铁加工需要消耗焦炭、煤炭、电力，水泥生产消耗煤炭、电力，运输过程需要消耗柴油等。能源消耗导致的碳排放构成了建材生产阶段的重要排放源。另一方面，某些原料生产过程的化学反应导致温室气体排放，例如，水泥生产过程煅烧石灰石产生大量CO_2，也是建材生产阶段不可忽视的排放源。

由上，建材生产阶段的脱碳，一方面有赖于能源供给端的清洁化、低碳化，同时也需要在建材各行业推广低碳原料及低碳技术，产出绿色低碳建材。以下就传统产业结构建材生产脱碳、低碳建材应用、绿色建材产品认证、建材运输脱碳4个方面进行分析。

3.2.1 建材生产脱碳

水泥是应用范围广泛的大宗建材，其行业碳排放量显著。2024年9月，生态环境部发布《全国碳排放权交易市场覆盖水泥、钢铁、电解铝行业工作方案（征求意见稿）》提出，积极稳妥有序将水泥、钢铁、电解铝行业纳入全国碳排放权交易市场覆盖范围。据中国水泥协会统计，基于水泥熟料产量计算，每生产一吨水泥熟料约释放860kg CO_2，折算至水泥产品则约为597kg CO_2/t。2023年我国粗钢产量为10.19亿t，碳排放量约占全国碳排放总量的15%，从国际贸易的角度看，我国钢材的出口量连年高于钢材进口量，是钢铁净出口大国，我国钢铁行业的出口贸易在牺牲行业利益，进行不合理的"为碳买单"行为。在发展贸易的同时关切环境，我国钢铁工业的降碳之路任重道远。因此，钢铁、水泥行业脱碳，对于建材生产阶段脱碳至关重要。

3.2.1.1 钢铁行业脱碳路径

由冶金工业规划研究院编制的《钢铁行业碳达峰及降碳行动方案》提出，钢铁行业碳达峰目标初步定为：2025年前，钢铁行业实现碳排放达峰；到2030年，钢铁行业碳排放量较峰值降低30%，预计将实现碳减排量4.2亿t。未来钢铁行业将面临巨大的减排压力，这必将要求钢铁行业开展业内兼并重组，消除过剩产能，同时发展低碳技术，实现减排目标。结合行业现阶段发展趋势、技术成熟度、转型成本等方面，除应用可再生能源之外，钢铁行业主要脱碳路径总结如下几点。

1. 消除过剩产能

目前，我国经济已由高速增长期转向高质量发展，这也推动国内钢铁需求减量发展。但在需求量减少的同时，供给却仍然保持增长态势，使供给明显大于需求，出现产能过剩。消除过剩产能，即可以消除该部分产能所导致的能耗以及CO_2排放。兼并重组为消除产能过剩的一种重要方式。2016年宝钢集团和武钢集团进行合并重组，武钢股份的所有股权并入宝钢股份，形成了目前的中国宝武集团。宝钢和武钢重组合并后将着重发展中高端产能，去除低端产能，优化生产及产品结构，加强新技术和新产品的研发，推进企业的转型升级，从传统的高消耗、高污染式的重工业发展模式向低耗能、高产出的绿色发展模式转变，逐步向"高精尖"产品靠拢。

2. 发展短流程生产工艺

钢铁行业生产工艺包括长流程和短流程两大类。长流程生产工艺的原材料以铁矿石、焦炭为主，经过高炉熔炼成铁水，再通过氧化反应脱碳、升温、合金化形成钢水，最后进行冷却轧钢；短流程生产工艺的原材料是通过各种途径回收的废钢，废钢经过电炉熔化为钢水，再经过凝固和轧制加工制成钢材。长流程工艺生产流程长，能耗高，碳排放量大；短流程由于利用废钢进行生产，相比长流程少了炼铁环节，碳排放量大大减少。我国煤炭资源相对丰富，钢铁行业以长流程工艺为主，因此发展短流程生产工艺将对钢铁行业脱碳具有重要意义。

3. 发展氢能炼铁技术

传统炼铁工艺中采用焦炭作为还原剂去除铁矿石中的杂质，该过程产生大量碳排放。2018年，北欧最大钢铁生产商瑞典钢铁公司、欧洲最大铁矿石生产商LKAB公司和欧洲最大电力生产商之一瑞典大瀑布电力公司合资创建了HYBRIT发展有限公司，攻关开发"突破性氢能炼铁技术"（HYBRIT，HYdrogen Breakthrough Ironmaking Technology）。该技术的突破性在于使用氢气替代焦炭进行炼铁。氢气在炼铁过程中作为还原剂与铁矿石中的氧气进行反应生成水蒸气，过程无CO_2排放，整个炼铁过程实现了零碳排放。HYBRIT发展有限公司于2018年建设测试炉，2020年夏天试运行，每小时可生产1t海绵铁。经过5年技术开发测试，该公司计划于2025年建成真正意义上的示范工厂，2026年第一批成品"零碳钢"将离开示范工厂大门。2025～2035年，示范工厂将不断提升技术成熟度并进行行业推广。

我国氢能炼铁技术目前处于起步阶段，由于受到应用成本、电解水技术、氢能的储运技术等限制，氢能炼铁推广缓慢。随着氢能应用技术愈发成熟，成本降低，氢能产量提升，氢能炼铁技术将成为钢铁行业脱碳的下一个技术飞跃。

4. CCUS 技术

CCUS 即碳捕集、利用和封存技术，该技术近年来在钢铁行业脱碳中逐步推广应用。比较成熟的技术为利用"变压吸附法"实现高炉煤气的再循环和捕集。"变压吸附法"从高炉煤气中捕集 CO_2，并将剩余气体中的 CO 提纯后回流到高炉中再利用。该技术能耗低、适应性强，是未来 CCUS 技术在钢铁厂应用的重要落脚点之一。CCUS 技术除了能够捕集 CO_2 之外，还能够提高能源效率，在工艺环节中 CO_2 被捕集后间接提高了废气中氢气的占比，这些氢气随后可在钢铁生产环节进行再循环，从而降低了燃油输入要求。考虑我国钢铁行业碳排放目标，未来预计钢铁企业将加速部署应用 CCUS 技术，开展对现有高炉的改造，提升 CCUS 在钢铁行业的应用能力，降低 CCUS 技术成本。

3.2.1.2 水泥行业脱碳路径

2022 年 9 月，中国建筑材料联合会发布的《建材工业"十四五"发展实施意见》指出：到 2025 年，建材行业全面实现碳达峰，水泥等行业在 2023 年前率先达峰，水泥等主要行业碳排放总量控制取得阶段性成果。我国是水泥生产大国，2020 年在全球水泥产量大幅降低的背景下，我国承担了全球 73% 的水泥产量，这也是我国水泥行业碳排放量居高不下，仅次于钢铁行业的重要背景原因。与钢铁行业一样，水泥行业将同样面临巨大的减排压力。

水泥生产工艺主要包含生料研磨、窑内煅烧、熟料研磨 3 个阶段。生料研磨为将石灰石、黏土、铁矿石等原材料按照一定比例混合后放入生料磨内磨成粉状；窑内煅烧为将生料送入水泥窑内，在约 1450℃ 高温下煅烧制成熟料；熟料研磨为将熟料与矿渣、粉煤灰、石膏等材料磨成粉状，最终产出水泥。据估算，水泥行业 CO_2 排放 50% 左右来自石灰石煅烧反应产生；40% 来自窑内加热煅烧过程化石燃料燃烧；最后的 10% 由设备运行消耗电力以及开采和运输原材料环节产生。因此，水泥行业脱碳主要针对以上环节进行，主要路径包括如下四个方面。

1. 石灰石原料替代

水泥行业的主要原料为石灰石，石灰石在煅烧反应过程中将产生大量的 CO_2。很多矿渣、钢渣类的固体废弃物，其有效化学成分与水泥熟料的化学成分比较接近，已有将矿渣、钢渣固废作为水泥替代原料应用到水泥生产的案例。因矿渣、钢渣在生产过程中不会分解产生 CO_2，采用矿渣、钢渣替代石灰石，不仅实现固体废弃物综合利用，又可大幅降低 CO_2 排放。现阶段我国通过原料替代减排的地区主要集中于华北和西南地区，该两个区域是我国磷渣和钢渣的主要产地。在一些钢铁、煤炭产量大的地区，如江苏、内蒙古、新疆等地，原料替代程度较低，仍具有较大的减排潜力。

需要注意的是，替代原料存在影响水泥质量的风险。部分工业固废中含有一定比例的重金属成分或氯离子等对生产过程和水泥性能有害的成分，需对替代原料掺入比例有严格的限制；另外工业固废中磷元素的超标会降低水泥的早期强度并导致更长的凝固时间。因此，对于替代原料应用仍需要不断摸索，降低因原料替代造成的质量风险，提高原料替代应用可行性。

2. 化石燃料替代

水泥窑协同处置废弃物技术主要利用水泥熟料高温煅烧窑炉焚烧废弃物。在焚烧过程中，有机物彻底分解无害化，产生的热量被水泥生产回收实现能量利用的最大化，减少燃煤消耗，同时灰渣作为水泥组分直接进入水泥熟料产品中，最终实现废弃物的资源化、减量化处置。水泥窑协同处置废弃物技术因具有处置对象广、处置数量大、处置成本低、无次生危废等优势，正成为国内外缓解废物处置能力不足困境、促进循环经济发展的重要手段。我国水泥窑协同处置废弃物技术已经成熟并获得了广泛推广，《"十四五"工业绿色发展规划》中明确将"水泥窑高比例燃料替代"作为降碳重大工程示范项目，推动水泥窑协同处置固废发展。

3. 提高能源效率

水泥窑内煅烧过程会产生热损失，窑头会排出大量余热尾气，如忽略该部分热量，任由其损耗，将造成较大的燃煤浪费。因此，水泥企业必须要减少煅烧过程热损失，回收尾气余热，减少燃煤消耗及 CO_2 排放。目前控制水泥窑热损失措施包括：（1）通过引进先进隔热材料减少窑炉筒体热损失；（2）依靠新型煤粉燃烧器技术增大煤粉与氧气的接触面积，减少不完全燃烧热损失；（3）应用稳流篦式冷却机减少熟料冷却的热损失；（4）通过应用换热效率高的预热器系统减少废气造成的热损失；（5）应用窑炉智能化管理系统自动调节喂煤量、过剩空气系数等运行参数，保持高热效率运行等。回收窑炉废气余热最主要方式为余热发电，即利用废气余热加热产蒸汽，产出的蒸汽带动汽轮机发电机发电。现阶段，我国水泥行业余热发电技术的普及率达到了 80%。未来，随国家政策的日益完善，水泥窑余热发电技术的普及是水泥行业发展的必然趋势。

水泥新设备、新技术的发展，同样带动能源效率提升，降低 CO_2 排放。对于早期设备装备水平较低的水泥企业而言，可以依托二代水泥技术标准来提升改造生产线，其中包括高效粉磨技术推广（辊压机终粉磨技术），高效低阻旋风预热器、高能效分解炉及第四代冷却机技术装备的使用。相关研究结果显示，该路径以每吨熟料热耗、电耗计算，可降低约 20% 的碳排放。

4. CCUS 技术

由于水泥窑废气的 CO_2 浓度较高，CCUS 在水泥行业应用潜力更大。目前水泥行业最为成熟的捕集技术为化学吸附法，已建成有规模化的示范项目。同钢铁行业一样，水泥企业将逐步推广 CCUS 技术，但同样面临应用成本高的问题。随着 CCUS 技术持续进步及成本降低，其未来将成为水泥行业脱碳的重要技术手段。

3.2.2 低碳建材应用

建筑中应用的建材种类繁多，从使用功能上，分钢铁、水泥、混凝土等主体建材，以及装饰材料、保温材料、玻璃幕墙、防火防水材料等功能性建材；从来源上看，可分为天然建材、再生建材、人工建材，天然建材包括木材、砂石等，再生建材诸如再生钢材、混凝土、废砌块、旧砖等。建筑过程应优先选用天然建材、再生建材，减少因建材生产导致的碳排放量；其次可以选择一些新型建材，如新型胶凝材料、低碳混凝土等，这些建材从源头上减少了水泥消耗，降低碳排放；还有如固碳混凝土、固碳水泥，该类建材可吸收CO_2达到固碳作用。天然建材、再生建材、新型建材均属于低碳建材。

3.2.2.1 竹木建材应用

建筑使用天然建材木制建筑材料可以有效减少碳足迹。树木生长过程中，经光合作用将空气中的CO_2吸收并加以固定，据统计，每米木材可吸收并固定约$0.9tCO_2$，相当于燃烧350L汽油产生的碳排放。

虽然木结构建筑本身具有极低的碳排放量，但是也存在自身缺陷，比如木材存在易遭受火灾、白蚁侵蚀以及雨水腐蚀等问题，相比砖石建筑，木结构建筑维持时间不长。对此需要考虑对木材性能进行技术优化，开发新的应用技术。新西兰纸板教堂即是通过应用新型纸板材料搭建而成，纸板技术经济成本低，且可以更换和回收利用。因此，在地震灾害频发的国家是理想的选择。

有限的木材资源也限制着木结构建筑的应用。我国虽然森林资源分布不均，但竹林面积覆盖率较高，且竹易培养，成林快，三到五年就可以砍伐。因此，国家林业和草原局支持大力发展以竹为主要加工材料的人造板。目前复合竹材制品已经在很多地方替换了木材类板材的使用，解决了资源问题。同时，竹木结构住宅可以工厂预制、现场安装，这也是产业化发展所提倡的。

3.2.2.2 低碳混凝土应用

低碳混凝土技术是指在混凝土的生产、使用过程中，能够直接或间接地降低CO_2排放的混凝土技术。具体为在混凝土生产过程中，在保证水泥质量的前提下减少水泥用量，掺入尾矿、建筑垃圾，实现减碳，同时尽可能保持混凝土的长寿命、高耐久性。

以C40混凝土为例，低碳混凝土相比普通混凝土，低碳混凝土的生产过程使用了一定量的工业废渣，从而减少了水泥的使用，降低了水泥综合能耗。并且，普通混凝土寿命一般只有30年，即在100年的时间里，往往需要大修或重建。而高性能混凝土的寿命可以达到100年。因此，高性能混凝土通过大幅度提高混凝土耐久性，延长结构物的使用寿命，进一步节约维修和重建费用，减少了维修过程的能耗及碳排放。

3.2.2.3 固碳建材应用

固碳建材，顾名思义指生产过程吸收捕集CO_2的建材，其利用半成品凝胶材料具备与CO_2反应的矿化活性，将CO_2固化进建材，实现了在生成建材产品的同时封存CO_2的目的。

根据矿物来源和矿相特性，具备CO_2矿化活性的胶凝材料分为水化活性矿化材料和固废矿化材料。水化活性矿化材料包括传统混凝土材料体系常用的波特兰水泥、镁基水泥材料，以及调整水泥熟料中硅酸三钙（$3CaO \cdot SiO_2$）和硅酸二钙（$2CaO \cdot SiO_2$）比例获得的改性水泥；固废矿化材料指具有矿化活性的碱性工业固废，常见的包括钢渣、废弃混凝土等。下面分别介绍以上两种矿化材料制备固碳建材的应用进展。

1. 水化活性矿化材料

对于传统混凝土材料体系，其固碳方式为将 CO_2 注入新拌混凝土中，使其与混凝土中的钙镁组分之间发生化学反应，从而将 CO_2 永久固结在混凝土中。该过程在实现 CO_2 的封存与利用的同时，混凝土的强度和耐久性也得到一定的提高。该固碳技术广泛应用于预拌混凝土、预制混凝土结构件、混凝土墙体砌块等。

2. 固废矿化材料

固废矿化材料中，采用钢渣作为矿化材料制取固碳建材研究应用比较普遍。钢渣具有较高的钙含量和镁含量，赋予其较高的碱性，使其同样具有良好的碳酸化性能，可通过合理的工艺将 CO_2 固化进钢渣中。

目前钢渣 CO_2 矿化利用方式是将钢渣粉压制成型，经碳酸化养护之后再破碎、筛分制备钢渣骨料，并用于混凝土中。研究表明，经碳酸化养护的人工骨料取代部分天然骨料制备的混凝土抗压强度和体积安定性均可提高。

综上，随着技术进步及推广，固碳建材应用将越来越广泛，其集合了减碳及固废再利用两大优势，是建材生产阶段脱碳的又一重要方向。

3.2.3 绿色建材产品认证

尽管市面已开发各种类别绿色低碳建材，但存在品质参差不齐，原料来源、生产过程能耗及实际碳排放量无从考证等问题，使用方无法从中确认所采购建材是否达到低碳要求。因此，绿色低碳建材的推广还有赖于对建材本身产品开展第三方的认证，以获取信任度。

2015年9月，我国颁布了《绿色建材评价标识管理办法》，其中定义绿色建材为：在全生命周期内可减少对天然资源消耗和减轻对生态环境影响，具有"节能、减排、安全、便利和可循环"特征的建材产品。从定义上，绿色建材涵盖了低碳建材内容，因此开展绿色建材产品认证，是建材生产企业获取绿色低碳建材信任度的有效手段。

2020年8月，我国颁布了《加快推进绿色建材产品认证及生产应用》，其中将建筑门窗及配件等51种产品纳入绿色建材产品认证实施范围，实施分级认证。2024年7月23日，《市场监管总局 住房城乡建设部 工业和信息化部关于发布绿色建材产品分级认证目录（第二批）和第二届绿色建材产品认证技术委员会成员名单的公告》，将五大类21种产品纳入第二批绿色建材产品认证实施范围，实施分级认证。

以《绿色建材评价 预制构件》T/CECS 10025—2019为例，评价指标要求中资源属性评价内容包括：生产过程固体废弃物使用率、生产废水回收率、生产采用标准化模板或工具式模板使用率等，对使用再生材料使用提出要求；能源属性评价内容包括单位产品养护能耗占总能耗比例、原材料本地化程度、生产线流水线数量，对节约生产及运输能耗要求；环境属性评价内容包括产品环境影响和碳足迹、生产噪声影响控制，对于产品是否开展全生命周期及碳足迹评价提出了要求；而品质属性则对产品力学性能、外观质量、可追溯性等提出要求。由上，可以看出标准综合了产品的"节能、减排、安全、便利和可循环"属性，评价综合结果星级越高，即越符合绿色、低碳要求。

3.2.4 建材运输脱碳

现阶段我国建材运输仍以中重型燃油卡车为主，其在行驶过程中排放大量CO_2，降低卡车在运输过程产生的CO_2为建材运输脱碳的重要途径。

在交通领域，我国政府大力发展的一项举措为道路全面电气化，也即逐步推广电动新能源汽车。新能源汽车相比燃油汽车不仅绿色环保，而且具有低能耗、高转换率的优点。尽管如此，受限于充电桩布局数量、电池能量密度及储电量，新能源仍有其不足之处，全面替代燃油汽车尚需时日，但市面上新能源汽车数量的增多已是不争的事实。相信将来随着新能源技术创新，基础设施的完善，以及制造成本的降低，新能源汽车将会是公路运输的不二之选。

新能源汽车中，除了发展电动汽车，另一重要方向为氢能燃料汽车。如果说电动汽车解决了短途运输脱碳，氢能燃料汽车将是长途运输脱碳的重要选择。氢燃料具备零排放、续航里程长等优点，可以为飞机、货船等长途运输工具提供能量。目前氢燃料存在着成本过高，基础设施不完善，燃料安全性仍需提升等问题，大规模的应用仍有待于时间及技术的积累。截至目前，国内已有氢能燃料应用于卡车案例。2021年8月，我国首条百辆级别市场化运营氢能重卡运输线——"容易路氢能重卡示范线"建成。容易路全长59 km，是雄安新区主要建材运输通道之一。该示范线投运的氢能重卡搭载长城旗下未势能源完全自主研发的百千瓦级大功率氢能燃料电池系统，实现了全程运输的"零碳排"；同时示范线搭载有"氢能云"智能平台，可实时监控所有车辆燃料电池系统全生命周期运行健康情况，实现智能网联与智慧交通的深度融合。

综上，应用新能源交通工具是建材运输脱碳的首选，不论在理论技术，还是在实践上均已取得了突破。随着新能源技术成熟、制造成本下降、安全性能提升，以及基础设施及政策的逐步完善，燃油汽车必将被新能源汽车全面替代。届时建材运输脱碳，乃至整个交通运输行业脱碳问题将迎刃而解。

3.3 建筑施工阶段脱碳

根据《中国城乡建设领域碳排放研究报告（2024年版）》，建筑施工阶段占比最小，仅占中国建筑与房屋建造碳排放的0.7%，但总量达到了0.7亿tCO_2的庞大体量，随着中国城市化进程的推进，建筑施工及拆除量将随之增加，因此建筑若要实现全生命周期的碳中和，必须考虑建筑施工环节的节能降碳，通过引进绿色、低碳施工技术及管理手段，减少或抵消施工过程产生的CO_2。

施工现场碳排放源来源于施工区、办公区和生活区三个区域。施工区现场建材运输、加工过程、施工过程，以及废弃物的处理，需通过操作各类机械设备完成，而设备运行需消耗柴油、电力，由此产生碳排放。办公区及生活区使用照明、制冷、供暖、办公设施等消耗电力，食堂炊事消耗天然气等燃料，电力、天然气为办公生活区碳排放源。

《建筑与市政工程绿色施工评价标准》GB/T 50640—2023 是推进绿色施工、规范建筑与市政工程绿色施工评价的重要准则。标准中绿色施工定义为：在保证质量、安全等基本要求的前提下，以人为本、因地制宜，通过科学管理和技术进步，最大限度地节约资源、减少对环境负面影响的建筑施工活动。该标准设置了"施工现场宜利用太阳能或其他可再生能源"等节能降碳指标。

本节从建筑施工过程的减碳路径进行分析，包括优化施工工艺与流程、升级施工设备与能源管理、加强施工人员培训与意识提升、创新施工管理模式、数字化及智能化技术应用五个方面。

3.3.1 优化施工工艺与流程

3.3.1.1 采用高效施工技术

1. 预制装配式建筑技术

大力推广预制装配式建筑施工技术，将大量的建筑构件在工厂预制生产，然后运输到施工现场进行组装。这种方式能显著减少现场作业，降低施工过程中的能源消耗和废弃物产生。例如，预制混凝土构件可在工厂通过标准化生产流程制造，其生产过程中的能源利用效率相对现场浇筑更高，且能精准控制原材料用量，减少浪费。研究表明，相比传统现浇建筑，预制装配式建筑可减少约 20% 的施工废弃物，同时缩短施工周期，间接降低施工过程中的碳排放。

2. 先进的模板与脚手架技术

采用新型的模板和脚手架技术，如铝合金模板和盘扣式脚手架。铝合金模板可重复使用次数多，一般可达 300～500 次，相比传统木模板，大大减少了木材的消耗，降低了因木材砍伐和加工带来的碳排放。盘扣式脚手架搭设效率高，能节省人工和时间成本，且稳定性好，可减少因安全事故导致的额外资源浪费和碳排放。

3.3.1.2 优化施工组织与管理

1. 精准施工计划

制定详细、精准的施工计划，通过建筑信息模型（BIM）技术对施工过程进行模拟和优化。BIM 技术可以直观地展示施工进度、资源分配和空间利用情况，帮助施工团队提前发现潜在问题，合理安排施工顺序和资源调配，避免因施工顺序不合理或资源浪费导致的额外碳排放。例如，通过 BIM 模拟可以确定最佳的材料堆放位置，减少材料搬运过程中的能源消耗。

2. 实时监控与调整

利用物联网（IoT）技术对施工过程进行实时监控，收集施工设备运行数据、能源消耗数据等。基于这些实时数据，施工管理者可以及时发现施工过程中的异常情况，如设备空转、能源浪费等，并迅速采取调整措施。例如，通过智能电表监测施工现场的电力消耗，当发现某个区域或设备用电量异常时，及时排查原因并进行优化，从而降低能源消耗和碳排放。

3.3.2 升级施工设备与能源管理

3.3.2.1 采用节能与清洁能源设备

1. 电动施工设备

逐步淘汰高能耗、高排放的燃油施工设备，推广使用电动施工设备，如电动挖掘机、电动起重机等。电动设备使用电能作为动力，相比燃油设备，可显著降低碳排放。随着电池技术的不断进步，电动施工设备的续航能力和工作效率不断提高，越来越适用于建筑施工场景。例如，电动挖掘机在运行过程中的 CO_2 排放量相比燃油挖掘机可减少约 90%。

2. 太阳能与风能设备

在施工现场安装太阳能光伏发电板和风能发电设备，利用可再生能源为施工设备和临时设施供电。太阳能光伏发电板可安装在施工现场的临时建筑屋顶、空旷场地等位置，风能发电设备可根据现场风力资源情况合理布局。这些可再生能源设备产生的电能可满足施工现场部分用电需求，减少对传统化石能源电网的依赖，降低碳排放。

3.3.2.2 提升设备能源管理水平

1. 设备维护与更新

加强施工设备的日常维护和保养，确保设备处于良好的运行状态，提高能源利用效率。定期对设备进行检查、维修和保养，及时更换磨损部件，调整设备参数，可使设备保持高效运行，降低能源消耗。同时，及时淘汰老旧、高能耗设备，更新为节能型设备。例如，老旧的柴油发电机经过长期使用后，燃油消耗会大幅增加，更换为新型节能发电机后，可有效降低油耗和碳排放。

2. 能源管理系统

建立施工现场能源管理系统，对施工过程中的能源消耗进行实时监测、分析和优化。通过安装智能电表、水表等能源计量设备，收集能源消耗数据，利用数据分析软件对能源消耗情况进行分析，找出能源消耗的重点环节和浪费点，制定针对性的节能措施。例如，通过能源管理系统发现某台大型施工设备在非工作时段仍处于待机状态，消耗大量电能，可通过设置定时关机或远程控制等方式，避免能源浪费。

3.3.3 加强施工人员培训与意识提升

3.3.3.1 开展低碳施工培训

1. 专业技能培训

组织施工人员参加低碳施工相关的专业技能培训，包括新型施工技术、绿色建材应用、节能设备操作等方面的培训。通过培训，使施工人员掌握先进的低碳施工技能，提高施工效率，减少因操作不当导致的能源浪费和碳排放。例如，开展电动施工设备操作培训，让施工人员熟悉电动设备的性能和操作技巧，充分发挥其节能优势。

2. 碳排放知识培训

加强施工人员对碳排放知识的培训，使他们了解建筑施工过程中的碳排放来源、影响以及减排的重要性。通过碳排放知识培训，增强施工人员的环保意识和责任感，促使他们在日常工作中主动采取节能减排措施。例如，通过培训让施工人员了解到建筑废弃物的不当处理会增加碳排放，从而在施工过程中更加注重废弃物的分类和合理处置。

3.3.3.2 建立激励机制与文化建设

1. 激励机制

建立碳排放绩效考核与激励机制，将施工人员的节能减排工作表现与薪酬、奖金、晋升等挂钩。对在低碳施工方面表现突出的人员给予物质奖励和精神表彰，如设立节能减排奖励基金，对提出有效节能减排建议或在实际工作中实现显著减排效果的施工人员给予奖励。这样可以充分调动施工人员参与低碳施工的积极性和主动性。

2. 文化建设

营造低碳施工的企业文化氛围，通过宣传标语、内部刊物、培训讲座等方式，传播低碳施工理念，使低碳施工成为企业全体员工的共同价值观和行为准则。例如，在施工现场设置低碳施工宣传栏，展示节能减排成果和优秀案例，定期举办低碳施工经验分享会，促进施工人员之间的交流与学习，共同推动企业的低碳发展。

3.3.4 创新施工管理模式

1. 消除浪费与优化流程

精益建造理念强调识别和消除施工过程中的各种浪费，如过度加工、等待时间、库存积压等。通过对施工流程进行细致分析，绘制价值流程图，明确每个环节的增值与非增值活动。例如，在材料管理方面，采用准时化（JIT）供应模式，根据施工进度精确安排材料的供应时间和数量，避免材料积压造成的仓储成本增加和潜在浪费，从而减少因材料浪费和额外处理产生的碳排放。同时，优化施工工序，减少不必要的操作和重复工作，提高施工效率，降低能源消耗。

2. 持续改进机制

建立持续改进的文化和机制，鼓励施工团队成员积极发现施工过程中的问题，并提出改进建议。定期开展施工过程评估会议，对已完成的施工项目或阶段进行复盘，分析在低碳施工方面存在的不足，总结经验教训。例如，针对某一项目中施工设备能源利用效率不高的问题，组织相关人员进行研究，提出设备优化方案或更换更节能设备的建议，并在后续项目中实施，持续推动施工过程的低碳化改进。

3.3.5 数字化及智能化技术应用

现场施工过程引入数字化及智能化技术将有效提高施工生产效率，避免建筑材料及设备浪费，有助于施工低碳化。

1. 数字化技术应用

在建筑施工中，典型的数字化技术为基于 BIM 的现场施工管理信息技术。该技术指利用 BIM 技术，并借助移动互联网技术实现施工现场可视化、虚拟化的协同管理。在施工阶段结合施工工艺及现场管理需求对设计阶段施工图模型进行信息添加、更新和完善，以得到满足施工需求的施工模型。同时，依托标准化项目管理流程，结合移动应用技术，通过基于施工模型的深化设计，以及场地布置、施工组织、进度、材料、设备、质量、安全、竣工验收等管理应用，实现施工现场信息高效传递和实时共享，提高施工管理水平及施工效率。

2. 智能化技术应用

随着建筑施工数字化技术、人工智能技术以及相关技术的发展，建筑施工智能化技术愈发成熟。目前建筑施工智能化应用包括大数据的分析应用、自动化及机器人技术应用等。

大数据分析可应用于建筑施工过程的决策。例如，施工方法、承包方、施工材料的选择等。这些决策往往需要参考以往的经验，而通过应用 BIM 技术积累下来的建筑工程数据及其管理数据，因为具有全面性、相互关联性等特点，将是最好的承载经验的数据源。

建筑施工过程中，自动化技术可以实现机器代替人去做简单的工作，而机器人的使用则使机器可以像人一样做较为复杂的工作，甚至可以利用机器人和自动化设备完成整个施工过程，提升施工效率。但是，将机器人在建筑施工过程中替代人的角色，需要用到精确的执行信息，需要由 BIM 技术支持提供。中国建筑公司广西防城港核电二期项目团队研发了一台预埋件焊接机器人。该机器人在核反应堆建造过程中通过执行指令完成了焊接 8 万余个预埋件的任务。如果由人工开展焊接，焊接工作量将非常巨大，而应用这一机器人后，焊接工作即可快速展开，大大提升效率。除此之外，中建八局研发出了 IABM 智能装配造桥机。该设备首次实现了将工厂预制的立柱、盖梁和箱梁在现场完成一体化安装，能够在 30min 之内架设好一片 200t 重的盖梁，消除人工操作的误差，大大提高安全性能和工效。

3. 装配式施工

装配式施工是指将从工厂加工制作好的建筑用构件和配件（如楼板、墙板、楼梯、阳台等）在建筑施工现场上通过可靠的连接方式进行装配的一种施工方式，其成品即为装配式建筑。装配式建筑避免了传统施工产生的噪声、粉尘污染，同时缩短了施工周期，减少了原材料消耗，是一种低碳环保施工技术。

装配式施工往往与 BIM 技术联合应用，典型如基于智能化的装配式建筑产品生产与施工管理信息技术。该技术是在装配式建筑产品生产和施工过程中，应用 BIM、物联网、云计算、工业互联网、移动互联网等信息化技术，实现装配式建筑的工厂化生产、装配化施工、信息化管理。通过对装配式建筑产品生产过程中的深化设计、材料管理、产品制造环节进行管控，以及对施工过程中的产品进场管理、现场堆场管理、施工预拼装管理环节进行管控，实现生产过程和施工过程的信息共享，确保生产环节的产品质量和施工环节的效率，提高装配式建筑产品生产和施工管理的水平。

3.4 建筑运行阶段脱碳

根据《中国城乡建设领域碳排放研究报告（2024年版）》，建材运行阶段碳排放占全国建筑与房屋建造总碳排放量的21.7%，是建筑全生命周期内排放量最高的阶段。运行阶段碳排放主要由建筑内各设施设备运行产生，如照明、空调、供暖、水泵用电产生的间接排放，燃气灶消耗天然气产生排放，北方供暖涉及热力消耗产生的间接排放等。因建筑运行期年限长，而建筑存量在逐步上升，导致该阶段CO_2排放量在近年来呈现线性上升趋势，增大了建筑运行阶段脱碳压力。

结合建筑运行阶段碳排放源，解决好运行阶段碳排放源首要考虑建筑的低碳设计。优秀的低碳设计将大大减少建筑后期运行能耗，这需要考验建筑设计师的设计水平。其次，建筑中引进太阳能、风能、地热能等可再生零碳能源替代传统电力、天然气，可大大减少建筑运行碳排放；另外，提升建筑中设备的能效以及能耗管控水平，也可达到降低能耗及碳排放的效果。以下从建筑低碳设计、能源替代、推进电气化、能效提升4个方面展开说明建筑运行阶段脱碳路径。

3.4.1 建筑低碳设计

对于建筑单体而言，低碳设计主要涉及被动式设计和主动式设计两方面的策略。主动式设计一般指通过采用技术手段达到降低能源消耗和碳排放量的方式，如节能空调、太阳能热水系统、太阳能光伏发电系统等；被动式设计则指不通过设备，转而依靠自然方式而达到节能减排效果的方式，如自然通风天然采光、建筑遮阳、立体绿化等。在低碳建筑设计中，上述两种方式各有千秋，各有适用范围。目前国际公认的原则是：在充分使用被动式设计手段的基础上，采用主动式设计的方法，以发挥事半功倍的效果。

与主动式设计相比，被动式设计与建筑设计师的关系非常密切。建筑师需要考虑当地气候条件、日照、绿化、风向等自然条件，选取合适的设计方案。传统的被动设计需要依靠建筑师的经验，定性成分较多。如今，很多被动式设计的效果可以在定性的基础上，进一步进行计算机模拟，从定性走向定量，从而发挥越来越重要的作用。以下从自然通风、日照采光、保温隔热、遮挡阳光、建筑绿化5个方面说明被动式设计的应用。

1. 自然通风

自然通风可以在不消耗能源的情况下，带走内部空间的热量、湿气和浑浊的空气，从而降低室内温度，并提供新鲜的自然空气；同时，自然通风也有利于减少人们对空调的依赖，防止空调病，并节约能耗，减少碳排放量。

要实现良好的自然通风，在设计上需关注的原则有：①对于建筑群落，要实现良好的通风效果，在群体布局上需要采用错列式，且高低结合的布局更有利于自然通风。②在建筑形体处理上，可以采用架空、局部挖空、组织内院等处理方法，引入自然通风；还可以利用高大空间、楼梯间、通风烟囱等方式组织热压通风。③结合日照、采光、通风、节能等因素综合考虑开窗面积和方式，合理的窗墙比和开窗方式可提升室内的自然通风效果。④对于高层建筑或不便直接开窗的建筑，往往难以通过直接开窗进行自然通风，可通过设置双层幕墙组织自然通风。双层幕墙下部设置进风口，上部设置排放口，空气从下部进风口流入，再从上部进风口排出，实现室内的自然通风。

2. 日照采光

日照和采光是建筑设计中利用光线的重要内容，前者主要是指：获取太阳的能量，改善室内热环境，并起到获取紫外线、杀灭细菌等卫生作用；后者主要指：获取光线，为人们的工作、生活等提供合适的光环境。获取日照和采光的措施往往是同时考虑的，常常结合在一起进行分析。

为获取良好的日照采光，同样需要从建筑布局上考虑，也涉及建筑单体的形体和空间设计。此外，在房间内部采光效果不佳时，还可通过采用导光设计将天然光线导入内部需要管线的地方。

3. 保温隔热

保温隔热，即尽量减少建筑室内外能量的交换，具体为在冬季减少外界冷量进入内部空间，减少内部空间的热量向外散发；在夏季则减少外界热量进入内部空间，减少内部空间的冷量向外散发。良好的保温隔热可有效减少建筑运行能源消耗，要达到良好的保温隔热效果，需要对建筑体形及空间分布进行合理设计，其次外围护结构设计也至关重要。

4. 遮挡阳光

良好的建筑外遮阳措施可以大大减少建筑物的空调能耗，具有很高的性价比，不少地区已经把建筑外遮阳作为必须采取的节能减排措施予以推广。

对于遮阳措施，首先可以从建筑形体处理达到自遮阳的目的，适用措施包括在建筑形体中增加斜面、倾斜、内凹、架空、出挑等设计，遮挡阳光直射，形成阴凉区。其次，对于低层和多层建筑，还可以发挥植物的遮阳作用，建筑周边种植落叶乔木，既可以遮挡夏季的烈日，又不影响冬季获取阳光。设置遮阳板也是目前广泛应用的手段。从内外而言，遮阳板可以分为外遮阳、内遮阳、中间遮阳，外遮阳效果远优于内遮阳及中间遮阳，为目前建筑首选。内遮阳主要用于不能改变外立面效果的历史保护建筑，中间遮阳一般位于玻璃系统内部或者两层门窗、幕墙之间，造价和维护成本高。在实际设计过程中，遮阳板的设置还需要结合建筑热工设计分区、建筑朝向等情况，按照相关规范要求进行确定。

5. 建筑绿化

建筑开展绿化种植不仅可以达到固碳作用，还可以优化建筑周围的空气质量，满足人们对健康建筑的需求。

在建筑周边和内院布置绿化时，应充分注意树种选择和植物位置，尽量做到夏天可以遮挡烈日，冬天却不遮挡阳光；同时，夏天有助于导入凉风，冬天却能阻挡寒风。墙体、屋顶、立体绿化在不增加占地情况下增加了绿化面积，提升了建筑碳捕集能力。对于墙体绿化需要综合考虑建筑物的平面功能、建筑物朝向、建筑高度、开窗位置等各种情况，平衡相关要求，形成具有特色的建筑立面。立体绿化需要考虑荷载要求，对于新建建筑应该在设计阶段就预留足够的荷载。室内绿化往往由室内设计师深化完成，起到绿化点缀效果。在选择室内植物时也应选用固碳能力较强的，以便更好地发挥固碳作用。

3.4.2 能源替代

建筑运行阶段主要能耗包括照明、空调、家用电器、办公设备等电力及供暖的热力消耗，建筑运行消耗的电力、热力需要在能源供给端燃烧大量燃煤进行供应，由此产生了大量的 CO_2 排放。随着我国城镇化进程不断推进，未来仍有大量建筑竣工并投入运行，新增供暖面积随之持续增长，碳排放量也将逐年增加。如果对可再生能源（诸如太阳能、风能、地热能等）加以合理利用，同样能为建筑运行提供能量，实现对传统电力、热力的替代，进而降低建筑运行产生的碳排放。因此，可再生能源的应用为建筑运行阶段实现脱碳的重要途径，可再生能源与建筑的结合，已经成为推动建筑碳达峰、碳中和的必然趋势。

以下对不同可再生能源在建筑领域的利用途径分别介绍。

3.4.2.1 太阳能利用

1. 建筑太阳能光伏发电技术

太阳能利用技术是指采用某些系统或者装置，直接将太阳能收集、转换或储存，以供人类使用。目前建筑利用太阳能主要途径为加装太阳能光伏发电系统，通过光伏发电为整个建筑物的运行提供能源。太阳能光伏发电装置根据与建筑的结合方式分为 BIPV、BAPV 两种方式。二者的区分为：

"BIPV"（Building Integrated Photovoltaic）指与建筑物同时设计、同时施工和安装并与建筑物形成完美结合的太阳能光伏发电系统，也称为"构建型"和"建材型"太阳能光伏建筑。它作为建筑物外部结构的一部分，既具有发电功能，又具有建筑构件和建筑材料的功能，甚至还可以提升建筑物的美感，与建筑物形成完美的统一体。"BAPV"（Building Attached Photovoltaic）指附着在建筑物上的太阳能光伏发电系统，也称为"安装型"太阳能光伏建筑。它的主要功能是发电，与建筑物功能不发生冲突，不破坏或削弱原有建筑物的功能。

BIPV 的应用较之 BAPV 存在诸多优势。从建设角度来看，BIPV 已经为建筑物不可分割的一部分，光伏组件起到了遮风挡雨和隔热的功能，移除光伏组件之后，建筑将失去这些功能。而 BAPV 建筑中的组件只是通过简单的支撑结构附在建筑上，移除掉光伏组件后建筑功能仍然完整。BAPV 不会增加建筑物的防水、遮风的性能，反而增加了建筑负载，影响建筑的整体效果。另外，对建筑物表面来说，BAPV 还存在重复建设的问题，严重浪费了建筑材料。从节能角度而言，BIPV 除保证自身建筑用电外，还可向电网供电，是一种产能建筑。

尽管 BIPV 优势明显，但相比 BAPV，其安装成本要高出 20%～30%。在我国 BIPV 还存在技术不成熟，规范不明确，政策支持力度不够大的问题，目前在我国仍处于探索阶段，渗透率较低。不过，可以预见的是，随着建筑脱碳进程的深入，BIPV 必将成为未来建筑光伏发电的重要发展方向。

2. 光伏发电的应用方式

建筑低碳设计过程关键一环即为引入可再生能源，通过合理设计将发电设施融入进建筑，除了实现发电基础需求外，还兼具美观、承重、保温、隔热、防水、采光等功能。现阶段按照光伏组件与建筑结合的方式主要分为屋顶光伏发电、墙面光伏发电、遮阳板光伏发电 3 种方式。

第一，屋顶光伏发电的方式，常见的建设方案有采用太阳能屋顶瓦片。用太阳能瓦片模块取代常规瓦片并集成到一个斜坡屋顶，可达到最高标准领域的设计和美学要求，产品不但耐用，而且美观。此外太阳能屋顶瓦一体化设计可以提高整体太阳能系统的防风功能，同时通过特殊的通风槽铝底座设计为整套系统提供了良好的通风、防水作用。屋顶光伏发电还可采取光伏采光顶技术。该技术将光伏面板应用到屋面，除了满足安全、抗风压、防水和防雷要求外，还必须满足屋面采光要求。因此光伏采光顶需具有一定的透光能力，需采用透光性的光伏元件，一般将组件的透光率设计在 10%～50%。北京南站是目前最大的应用太阳能屋顶采光系统的单体建筑。

第二，墙面光伏系统方式，对于多、高层建筑来说，外墙是与太阳光接触面积最大的外表面。为了充分利用墙面收集太阳能，可将光伏组件整合进墙体实现发电。主要应用方式有壁挂式、窗间式以及光伏幕墙，不同方式特点不一，在设计时需根据建筑体形、实现功能、气候条件等因素综合考虑。

第三，光伏遮阳板方式，将光伏发电系统作为遮阳构件可以阻挡阳光进入室内，利于控制和调节室内温度，降低建筑物空调负荷，起到节能减排的作用。对于自动调节式光伏遮阳板，还可根据日间太阳高度角的变化自动调节光伏遮阳板的角度，使光伏遮阳板的发电效率和遮阳系数均达到最大值，实现能源利用率的最大化。因此，光伏遮阳板将会成为未来最具发展潜力的光伏应用形式之一。

3.4.2.2 风能利用

风能是从风中获得的一种可再生能源。风能与建筑的结合可分为两种形式，分别为直接结合与间接结合。直接结合是指将风电机组直接集成于建筑物中。间接结合是将风电机组融合于建筑绿地、建筑物附近的较大空地等位置。

高层或超高层建筑因高耸空中，风能充分，高层建筑中融入风力发电技术为节能降碳的有效手段。目前，风力发电发展面临的挑战主要集中在设计、经济效益和环境影响上。在设计环节，对建筑物提出了更高的力学和美学要求，包括风机安装的位置，形状等；风电应用成本仍较高，考虑通过风力—光伏一体化，以及并网模式解决；风电安装运行后会产生噪声、振动，需通过合理设计降低其环境影响。

3.4.2.3 地热能利用

地热资源是指地壳内可供开发利用的地热能、地热流体及其有用组分。地热资源按温度可分为高温、中温和低温三类。温度大于 150℃的地热以蒸汽形式存在，为高温地热；90～150℃的地热以水和蒸汽的混合物等形式存在，为中温地热；温度大于 25℃且小于 90℃的地热以温水（25～40℃）、温热水（40～60℃）、热水（60～90℃）等形式存在，为低温地热。建筑中对地热能的利用主要有地源热泵技术、地下季节性储能技术。

1. 地源热泵技术

由于浅层地热能属于低品位能源，不能直接用于空调供暖，必须借助于热泵技术来提高其能源品位。地源热泵为通过输入少量的高品位能源（如电能），使陆地浅层能源实现由低品位热能向高品位热能转移的装置。其工作原理为利用水与地能（地下水、土壤或地表水）进行冷热交换来作为地源热泵的冷热源，冬季把地能中的热量"取"出来，供给室内供暖，此时地能为"热源"；夏季把室内热量取出来，释放到地下水、土壤或地表水中，此时地能为"冷源"。

在冬季，我国土壤或水体温度在12～22℃，温度比环境空气温度高，地源热泵循环的蒸发温度提高，能效比提高。而夏季土壤或水体温度一般在18～32℃，温度比环境空气温度低，制冷系统冷凝温度降低，使得地源热泵冷却效果好于风冷式和冷却塔式，机组效率大大提高。有数据表明，地源热泵可以节约30%～40%的供热或制冷空调的运行费用，1kW的电能可以得到4kW以上的热量或5kW以上冷量。

地源热泵运行可以建造在居民区内，没有燃烧，没有排烟，也没有废弃物，不需要堆放燃料废物的场地，且不用远距离输送热量，因此地源热泵技术属于清洁可再生能源利用技术。

2. 地下季节性储能技术

由于地下土壤本身具有储能特性，而且温度全年相对稳定，地下空间（如建筑物底部）可以用来储能。通常的做法是在建筑物的底部设置一个大的水池，并装满诸如卵石等热容量较大的物质，这样夏季可将富余的热能储存于地下以备冬季供暖用，冬季亦可储存冷量以备夏季降温用。

地下季节性储能技术在德国柏林国会大厦的改建工程中得到了充分应用。建筑师福斯特通过地下蓄水层循环利用热能，夏季将多余热量储存在地下蓄水层中，以备冬季使用；冬季将冷水输入蓄水层，以备夏季使用，形成两个季节的热量互补。

3.4.2.4　生物质能利用

生物质能是太阳能以化学能形式贮存在生物质中的能量形式，它直接或间接地来源于绿色植物的光合作用，可转化为常规的固态、液态和气态燃料，是一种可再生能源。根据《中华人民共和国可再生能源法》，生物质能指利用自然界的植物、粪便以及城乡有机废物转化成的能源。

生物质能的利用主要有直接燃烧、热化学转换和生物化学转换三种途径。生物质能直接燃烧利用的典型应用为生活垃圾焚烧发电，通过将生活垃圾内蕴含的热值转换为电能，为周边地区提供清洁能源。生物质热化学转换是指在一定的温度和条件下，使生物质气化、炭化、热解和催化液化以生产气态燃料、液态燃料和化学物质的技术。典型应用有生物质气化发电技术，该技术是将各种低热值固体生物质能源资源（如农林业废弃物、生活有机垃圾等）通过气化转换为生物质燃气，经净化、降温后进入燃气发电机组发电的技术。生物质的生物化学转换包括生物质—沼气转换和生物质—乙醇转换等。沼气转化是有机物质在厌氧环境中，通过微生物发酵产生一种以CH_4为主要成分的可燃性混合气体即沼气。

3.4.2.5　氢能利用

氢能是氢在物理与化学变化过程中释放的能量。根据中商产业研究院发布的《2025—

2030年中国氢能行业深度分析及发展前景预测研究报告》显示，截至2023年底，全国氢气产能约4900万t/年，产量约3500万t，同比均增长约2.3%，中商产业研究院分析师预测，2025年中国氢气产量将超过3700万t。目前我国氢气需求总量约为3342万t，供需基本平衡。中商产业研究院分析师预测，在碳中和目标下，到2030年我国氢气的年需求量将达到3715万t，在终端能源消费中占比约为5%。目前，制氢的工艺方式主要有煤制氢、天然气制氢、工业副产制氢、电解水制氢、生物质制氢、光解水制氢等，制氢原料依然以煤炭、天然气等化石能源即非低碳氢为主。据研究表明，2023年氢气生产结构中，煤制氢、天然气制氢、工业副产氢分别占比57.7%、22.4%、18.5%。制氢方式以化石能源重整制氢为主，其中煤制氢和天然气制氢占据较大比例，未来低碳氢、清洁氢发展还取决于制氢技术进步及成本的下降。

氢能建筑，是近年发展起来的一种绿色建筑。它以氢能完全或部分替代市政电网、天然气等传统能源，满足建筑对冷、热、电、生活热水等各种能源的需求，在提高建筑用电可靠性的同时，还有助于优化国内的能源结构、降低电网整体投资和减少问题气体排放。

3.4.2.6 重力储能

重力储能系统通过利用重物的势能储存和释放能量，重力储能系统的基本原理基于物理学中的势能转化为动能的过程。当有多余电力时，系统利用电力驱动起重机将重物（如混凝土块）提升到高处，储存为势能。在需要电力时，重物在重力作用下下降，驱动发电机转动，将势能转换为电能。重力储能系统具备长寿命和低维护、高效能量转换、环保性和成本效益等优势，整个过程高效、低碳，且重物可以反复使用，系统寿命长达数十年。

与传统储能技术相比，重力储能系统的能量密度虽然较低，但其原材料（如混凝土块）成本低廉，且储能规模可以通过增加重物数量和高度来扩展，具有较大的扩展潜力，能量转换效率高，可达到80%以上，确保储能和释能过程中的能量损失最小化。

3.4.3 推进电气化

当前推广可再生能源应用已成为全社会实现碳达峰、碳中和的必然趋势。可再生能源应用技术，包括太阳能光伏发电、风力发电、沼气发电等均集中于提供零碳电力能源，因此在全社会全面推进电气化，使用可再生能源产出的零碳电力将是实现全面脱碳的有效手段。在建筑运行过程亦不例外。如前文所述，建筑运行阶段除消耗电力外，在供暖供热、炊事燃气灶等环节还间接或直接消耗了大量的化石燃料。该部分化石燃料消耗若改为电力消耗，同时提升能源供给端及建筑运行端的可再生能源发电率，将有效降低建筑运行期间的碳排放。

从供暖、供热电气化上，需要结合各地区实际情况分区推进。在北方，由于我国煤炭资源相对丰富，现阶段仍以燃煤供热方式为主，推进电气化目前条件仍不成熟。该地区供暖期降碳需先走加强区域集中供热，提升供热效率路线，并尽可能用调峰的热电厂余热和工业生产过程排出的低品位余热作为基础热源，做到清洁取暖。对于长江中下游地区，因供热季节比北方短，集中供热成本高，更适合分散式供热。目前该地区居民供暖方式主要为家庭空调供暖、空气源热泵供暖、燃气壁挂炉供暖，在电气化推进、能源利用效率提升上仍存空间。根据国家"十三五"重点项目"长江流域建筑供暖空调解决方案和相应系统"的研究成果,采用分散的电动热泵可以很好地满足居住建筑的空调和供暖需求。由此,大力推广电动热泵,加强热泵技术研发,可有效推动该地区碳排放量逐年下降。

推进电气化有赖于高效电气灶的开发,同时需要引导改变居民长期以来的明火烹饪习惯,推广使用电气灶。在生活热水供应方面,可以推动电动热泵热水器的使用,热泵热水器具有高效节能的特点,是替代目前多数家庭使用的燃气热水器和电热水器的良好选择。

综上,建筑推进全面电气化将成为未来趋势,在供暖供热电气化中,还需结合地区实际采取不同策略,以达到降低CO_2排放的目的。

3.4.4 能效提升

建筑运行阶段使用有各种设备,如照明、空调、水泵等,提升这些设备的能效,尽可能减少运行过程能耗损失,让能量输出最大化,可达到降低能耗,减少CO_2排放的目的。在提升设备能效的同时,实现对设备的智能化控制,在运行时能根据需求情况自动启闭或者实现变频运行,同样可减少能耗。对于建筑管理而言,导入能源管理体系并有效运行,形成能耗目标考核机制,提升管理人员的节能意识及挖掘节能机会的主观性,对建筑运行整体能效提升将起到积极作用。而能源管理信息化将有助于提升能源管理水平,改善能源绩效。

3.4.4.1 设备能效提升

1. 照明系统

照明能效提升,首先要选用节能灯型,从发光效率而言,LED灯具是目前各类型灯具中效率最高的灯型。其次考虑灯具类型,不同空间性质应根据配光要求选择灯具。由上,选择合理灯具可为空间提供舒适的光环境,同时防止错配导致不必要的照明浪费,减少能耗及碳排放。

2. 暖通空调系统

暖通空调系统为通过人为方法处理室内空气的温度、湿度、洁净度和气流速度的系统,可使室内获得具有一定温度、湿度和较好质量的空气,满足使用者及生产过程的要求。

不同的空调系统有不同的优势和特点,选取合适的空调系统将更好地发挥空调效率。目前较为常见的空调系统有空气源热泵空调系统、地源热泵空调系统、蒸发式冷气机。除空调选型外,合理的空调布置方式能够充分利用产出的冷气或暖气,避免需求端和供给端不匹配造成的能耗浪费。此外,对于空调而言,还需要注意选取低GWP制冷剂,如L-41(GWP为600)可以明显降低制冷剂逸散导致的温室气体排放。

3. 给水排水及通风系统

给水排水系统主要的用能设备为各类清水泵、废水泵及消防泵等。通风系统主要的用能设备为各类风机。要提高给水排水、通风系统能效,首先需做好设备选型。各类水泵、风机优先选用国家节能机电设备(产品)推荐目录中的设备,同时考虑选用一级能效设备。对于不同场合水泵风机的选用还需考虑匹配需求的水量或风量,避免出现"大马拉小车"，产生不必要的能源浪费。此外，各类风机、水泵均需要实现变频控制，能够根据实际需求自动启闭，并根据流量匹配相应的运行功率，减少设备的运行能耗，提升能效。

4. 供配电系统

如前文所述，建筑光伏发电、风力发电将成为未来大力发展的可再生能源技术，部分建筑供电模式将由国家电网供电向分布式光伏发电、风电发电转变。对于供配电系统应进行相应调整以匹配新的模式，达到经济、安全运行的目的。

不同于火电，风电、光电易受到气象条件影响，具有较强的不确定性，风电、光电占比提高会使得能源供给侧的不稳定性迅速增加。这一方面需要采取措施增强电网稳定性、减少波动，另一方面对于用能部门除了作为单纯的使用者外，还需要具备一定的削峰填谷、提高风电入网率等的能力。结合建筑运行的用能特征，可考虑发展建筑直流供电和分布式蓄电技术以提升消纳风电、光电的能力。

光伏发电本身输出为直流电，如果可以不经过逆变直接接入用能设施，有助于实现光伏输出的最大化。通过该技术，可以实现恒功率取电、实现建筑末端柔性用电，提高用电可靠性和供电质量，改善建筑内用电安全性，同时改变建筑内用电过程的反复转换，减少损耗。光伏输出直流电还可以实现与智能充电桩的有机结合，推动周边的智能充电桩统一规划、优化运行。随着电动汽车的推广，通过安装充电桩利用电动汽车电池的充放电潜能，将建筑用电从以前的刚性负荷特性变为可根据要求调控的弹性负荷特性，从而可实现"需求侧响应"方式的弹性负荷。未来，我国建筑年用电量将在 2.5 万亿 kWh 以上，并预计拥有 2 亿辆充电式电动汽车，带有智能直流充电桩的柔性建筑可吸纳近一半由风电、光电所造成的发电侧波动，还能有效解决建筑本身用电变化导致的峰谷差变化。

另外，传统供电模式还不能较好适应当前用户端电量需求大、波动强的特点，而智能电网技术则能适应该特点。智能电网是一种本地能源电网，既可以独立运行，又可以接入传统电网。它强调源头和终端的信息交互，集合各项关键技术，如分布式发电、智慧楼宇与小区、电力物联网等，实现电力合理分配、智能管理，降低能源消耗。

3.4.4.2 建筑智能化应用

建筑智能化为通过利用计算机、信息通信等方面的最新技术，帮助建筑内的电力、空调、照明、电梯、消防等设备协同合作，节省能源以及提升效率，提高建筑智能化控制水平。建筑智能化涉及智能照明控制系统、中央空调智能控制系统、电梯监控系统、给水排水控制系统等系统的应用。

1. 智能照明控制系统

智能照明控制系统可根据室内照度变化、人员出入对灯具进行智能调光。当室外光线较强时，室内照度自动调暗，当室外光线较弱时，室内照度则自动调亮，使得室内照度始终保持在恒定值附近，从而充分利用自然光；系统配置的自动探头能够通过检测屋内人员出入情况实现自动开启或关闭室内灯光的功能；此外，有的智能照明系统具有调光模块，可以通过灯光的调节在不同使用场合产生不同的灯光效果，营造出不同的舒适氛围。有研究表明，应用智能 LED 照明系统可以实现 60% 左右的节能率。

2. 中央空调智能控制系统

中央空调智能控制系统是基于物联网概念的设计，以健康、时尚、节能为理念，根据人体对温度的感知模糊理论和智能系统集成技术相结合，通过智能优化单元，改变并优化空调压缩机的运行曲线，以达到最大限度降低能耗，提高能源利用效率，延长空调使用寿命的目的。

3. 电梯监控系统

电梯监控系统包括垂直电梯监控系统及自动扶梯监控系统。

垂直电梯监控系统节能技术包括变频调速、能量回收。变频调速节能，通常是指在50Hz以下的调速，即通常所说的基频以下调速。在电梯正常运行时，可以根据轿厢所载乘客的多少，由变频器输出相应的功能，换言之，当乘客数量多时，控制变频器输出较大的功率，乘客数量少时，控制变频器输出较小的功率，从而避免了"大马拉小车"的现象发生，实现电梯节能的目的。能量回收为将电梯运行过程的能量进行回收再利用。当电梯曳引机拖动轿厢向下运行时，由于此时电梯所具有的势能（位能）将减少，减少的这部分势能被转换成了电能，也就是再生能量。如果能把该部分能量回收再利用，就可以达到节约电能的目的。回馈装置能有效的将再生能量回收起来，或者回馈电网，或者供给周边其他用电设备使用。

自动扶梯监控系统节能技术主要包括采用-ΔY转换模式、变频驱动节能等。其中采用-ΔY转换模式为常见的扶梯节能技术之一。-ΔY可以结合具体负载实时情况实现星形-三角形的互相转换，-ΔY不会对原有控制电路造成较大改动，只是在轻载状态有节能效果。适合轻载状态较多的自动扶梯。

4. 给水排水控制系统

给水排水控制系统包括监测系统、雨水收集利用系统、二次水收集利用系统。其中监测系统通过部署的传感器检测排水量、水质，并进行预测、控制，对水资源进行按需分配，按质分配。雨水收集利用系统可将收集屋面及阳台的雨水，经集成式雨水处理设备处理后再补给建筑用水。水资源二次利用系统通过在排水系统安装检测设备，对流动的污水进行分类再净化，实现对不同质量的水实现"优质优用，低质低用"。

3.4.4.3 管理体系导入

建筑运行阶段涉及的用能设备种类多，能耗大，各主要用能设备（如水泵、空调、电梯等）均需要专业运维公司进行维保，因此有必要引进科学合理的管理办法，实现对能源消耗的管控。导入《Energy management systems-Requirements with guidance for use》ISO 50001（对应《能源管理体系 要求及使用指南》GB/T 23331）和《碳管理体系 要求》T/CCAA 39—2022是目前解决组织能源管理最行之有效的手段。

对于建筑的运行管理机构，第一，通过导入能源管理体系和碳管理体系可以建立部门能耗和碳绩效目标考核机制，促使各相关部门关注各自的能源消耗情况，形成群策群力挖掘节能改进机会氛围，并在日常管理中加强对设备的维护，引进先进适用的节能降碳技术，最终实现能源和碳绩效目标的达成。第二，导入能源管理体系和碳管理体系促使建筑在运维过程中形成PDCA的循环自纠机制，推动能源消耗和碳排放逐步下降。

现阶段，出于对能源和碳排放管控的"双管控"要求，越来越多的物业公司、企业着手开展能源管理体系、碳管理体系建设，随着建筑碳达峰、碳中和进程的推进，能源管理体系、碳管理体系将在建筑运行中扮演重要角色。

3.5 建筑拆除及回收阶段脱碳

根据《中国城乡建设领域碳排放研究报告（2024年版）》，建筑全生命周期中，建筑施工阶段（含拆除）碳排放占比最小，仅占全国建筑与房屋建造碳排放量的0.7%。其范围包括建筑工程施工（含新建建筑施工、既有建筑翻修施工和建筑拆除施工）和基础设施工程施工。这表明建筑拆除阶段在整体建筑碳排放中所占比例相对较小，但作为建筑全生命周期的一个重要环节，其碳排放问题仍需关注。

3.5.1 拆除方式优化

3.5.1.1 选择低碳拆除技术

选择低碳拆除技术是减少建筑拆除阶段碳排放的关键。根据不同的建筑结构和拆除需求，可以采用多种低碳拆除技术来降低碳排放。

1. 机械拆除

虽然机械拆除的碳排放相对较高，但通过采用高效的拆除设备和优化操作流程，可以减少能源消耗。例如，使用电动或混合动力拆除机械替代传统的燃油机械，能够显著降低碳排放。

2. 人工拆除

在一些小型或特定结构的建筑拆除中，人工拆除是一种低碳的选择。人工拆除可以更精确地拆除建筑构件，减少不必要的破坏，从而降低能源消耗和碳排放。此外，人工拆除还可以更好地回收和再利用建筑构件，进一步减少碳排放。

3. 静力拆除

静力拆除技术，如液压劈裂、静力破碎等，具有噪声小、粉尘少、振动小等优点，同时也能有效降低碳排放。液压劈裂技术利用高压液压设备产生的压力使岩石或混凝土结构裂开，其碳排放量相比之下低于传统的爆破拆除。静力破碎技术则通过化学反应或机械力使混凝土等材料破碎，碳排放量也相对较低。

4. 爆破拆除

在一些大型或特殊结构的建筑拆除中，爆破拆除可能是不可避免的选择。然而，通过采用精准爆破技术和优化爆破方案，可以减少炸药用量和爆破次数，从而降低碳排放。例如，采用微差爆破技术可以减少爆破振动和噪声，同时也能降低碳排放。

3.5.1.2 优化拆除流程

优化拆除流程不仅可以提高拆除效率，还能有效减少碳排放。以下是一些优化拆除流程的方法。

1. 前期规划与评估

在拆除工程开始前，进行全面的前期规划和评估，包括建筑结构分析、环境影响评估、资源回收评估等。通过详细的规划和评估，可以制定出最优的拆除方案，减少不必要的拆除工作和资源浪费。例如，对建筑结构进行详细的分析，确定可以回收和再利用的建筑构件，提前规划好回收和再利用的流程，从而减少拆除过程中的碳排放。

2. 分阶段拆除

将拆除工程分为多个阶段进行，每个阶段根据建筑结构和拆除需求采用不同的拆除技术和方法。例如，先拆除建筑的非承重结构，如隔墙、楼板等，再拆除承重结构，如柱子、梁等。这样可以更好地控制拆除过程中的粉尘和噪声，同时也能减少能源消耗和碳排放。

3. 现场管理与协调

加强拆除现场的管理和协调，合理安排人员和设备，避免不必要的等待和闲置时间。通过优化现场管理，可以提高拆除效率，减少能源消耗和碳排放。例如，采用数字化管理系统对拆除现场进行实时监控和调度，可以提高现场管理效率，减少碳排放。

4. 废弃物分类与回收

在拆除过程中，对建筑废弃物进行分类收集和回收利用，可以减少废弃物的运输和处置碳排放。例如，将可回收的金属、木材、玻璃等材料分类收集，送往回收工厂进行再加工；将混凝土、砖块等材料进行破碎处理，用于制作再生骨料等。据估算，废弃物分类与回收可以减少拆除阶段碳排放。

3.5.2 建材回收利用

3.5.2.1 建材分类回收

建筑拆除后产生的建材废弃物种类繁多，主要包括混凝土、砖瓦、木材、金属、塑料等。有效的分类回收是实现建材资源化利用的前提。据相关研究，建筑废弃物中约60%为混凝土和砖石类材料，这些材料经过破碎、筛分等处理后，可作为再生骨料用于生产新的建筑材料。木材废弃物可进行分类回收，用于制作木屑板、刨花板等。金属材料如钢筋、铝合金等，经过分类回收和再加工，可重新用于建筑结构或制造其他金属制品，其回收利用价值高。因此，通过科学合理的分类回收，可以最大限度地提高建材的回收利用率，减少废弃物的填埋和焚烧，降低碳排放。

3.5.2.2 再生建材生产与应用

1. 再生建材生产

再生建材生产是建筑拆除废弃物资源化利用的关键环节。以再生骨料为例，其生产过程包括原料收集、破碎、筛分、清洗、分级等步骤。通过这些工艺，可将建筑废弃物转化为符合标准的再生骨料。再生骨料的生产不仅减少了对天然骨料的开采，还降低了生产过程中的能源消耗和碳排放。此外，再生建材的生产还包括利用建筑废弃物生产再生砖、再生混凝土砌块、干混砂浆等产品。这些产品在生产过程中采用了先进的工艺技术，如添加外加剂、优化配合比等，以提高产品的质量和性能，使其满足建筑市场的需求。

2. 再生建材应用

再生建材的应用是实现建筑拆除废弃物资源化利用的最终目标。在建筑工程中，再生建材的应用范围不断扩大。再生骨料可用于配制低强度等级的混凝土，用于道路基础、非承重结构等工程。再生砖和再生混凝土砌块可用于建筑墙体、围墙、挡土墙等工程，其施工工艺与传统砖石材料相似，施工方便，成本较低。再生砂浆可用于墙面抹灰、地面找平等工程，其施工性能良好，可提高施工效率和质量。此外，再生建材还可用于海绵城市建设中的透水铺装、雨水花园等工程，具有良好的透水性和保水性，可有效缓解城市内涝问题，同时减少对天然材料的使用，降低碳排放。随着再生建材技术的不断进步和市场认可度的提高，其应用前景将更加广阔，为建筑领域的碳中和目标作出更大的贡献。

3.5.3 低碳拆除设计

3.5.3.1 可拆卸性设计原则

可拆卸性设计原则是低碳拆除设计的核心理念之一，其目的是在建筑设计阶段就考虑到建筑未来的拆除和材料的回收利用，从而减少拆除阶段的碳排放。以下是可拆卸性设计原则的具体内容和实践方法。

1. 设计阶段的考虑

在建筑设计阶段，应充分考虑建筑的可拆卸性。这意味着建筑设计不仅要满足使用功能和美观要求，还要考虑建筑构件的连接方式、尺寸和材料的可回收性。例如，采用标准化的构件尺寸和连接方式，可以使建筑在拆除时更容易分离和回收。

2. 连接方式的选择

选择合适的连接方式是实现可拆卸性设计的关键。应优先采用螺栓连接、卡扣连接等非永久性连接方式，避免使用焊接、粘接等难以分离的连接方式。例如，在钢结构建筑中，采用高强度螺栓连接代替焊接连接，不仅可以提高建筑的抗震性能，还可以在拆除时方便地分离构件，减少碳排放。

3. 材料的选择

选择可回收和可再利用的材料是可拆卸性设计的重要内容。应优先选用金属、木材、玻璃等可回收材料，以及混凝土、砖块等可再利用材料。这些材料在建筑拆除后可以方便地回收和再加工，减少对新资源的需求和碳排放。

4. 构件的标准化和模块化

构件的标准化和模块化是实现可拆卸性设计的有效途径。通过设计标准化和模块化的构件，可以使建筑在拆除时更容易分离和回收，同时也有利于构件的再利用。

3.5.3.2 模块化与预制构件应用

模块化和预制构件的应用是低碳拆除设计的另一个重要方面，其目的是通过在工厂内预制建筑构件，减少现场施工的碳排放，并提高建筑构件的可回收性和再利用率。模块化和预制构件应用的具体内容和实践方法主要体现在如下四个方面。

1. 预制构件的优势

预制构件在工厂内生产，可以进行严格的质量控制，减少施工现场的变数，提高建筑质量。同时，预制构件的生产可以减少材料浪费，因为它们可以根据精确的尺寸要求制造，减少了废料。此外，预制构件的使用可以减少现场施工时间，加快项目完成速度，从而减少施工过程中的碳排放。

2. 模块化施工的应用

模块化施工将建筑项目分为若干个模块或单元，在工厂中预制并在现场组装，提高了工程效率和质量控制。模块化施工的核心思想是在工厂中生产大部分建筑元素，然后将它们运送到现场，通过组装快速完成建筑项目。例如，在住宅建筑中，采用模块化施工可以将建筑分为多个标准化的模块，如卧室模块、客厅模块、厨房模块等，这些模块在工厂内预制完成后，运送到现场进行快速组装，大大缩短了施工时间，减少了碳排放。

3. 预制构件的类型和应用

预制构件的类型多种多样，包括混凝土墙板、钢结构、玻璃幕墙、屋顶板、管道和电缆槽等。这些构件可以根据具体建筑项目的需求进行设计和生产，具有高度的可定制性。例如，在商业建筑中，预制的外墙板和屋顶板可以迅速安装，减少了施工时间和干扰。在基础设施建设中，预制的桥墩和桥梁可以在较短时间内安装完成，从而减少了道路封闭时间。

4. 预制构件的可持续性

预制构件的生产过程相对环保，有助于减少材料浪费和建筑垃圾。同时，预制构件的使用可以减少现场施工的能源消耗，降低碳排放。例如，采用预制混凝土构件代替现场浇筑的混凝土构件，可以减少施工现场的噪声、粉尘和污水排放，同时也可以减少施工过程中的能源消耗和碳排放。据统计，采用预制构件的建筑项目，碳排放量比传统施工方法减少约30%。

3.6 建筑碳汇

3.6.1 建筑碳汇概念与范畴

2019年6月，住房和城乡建设部发布国家标准《建筑碳排放计算标准》GB/T 51366—2019。其中在术语中提及建筑碳汇（carbon sink of buildings），其定义是"在划定的建筑物项目范围内，绿化、植被从空气中吸收并存储的二氧化碳量"。建筑碳汇的提出有利于建筑物全生命周期碳排放量的精准测量。

碳减排是从碳排放端解决问题，而碳汇则是从碳吸收端寻找方法，二者相辅相成，可以更好地助力"双碳"目标达成。提高能效、应用新能源、建材低碳化等方式可促进建筑领域的碳达峰的实现，若要实现碳中和，提高固碳、碳汇能力也是必不可少的路径之一。

负碳技术是实现碳达峰的关键环节，其中林业碳汇能起到很大作用。

对于建筑领域而言，应加大小区绿化和城市绿地面积，提高固碳、碳汇能力。对于建筑单体或建筑项目，除了场地景观绿化外，还可进一步考虑屋面绿化、垂直绿化、阳台绿化以及室内绿化等措施提升碳汇能力，实现建筑自身的碳中和。

碳汇从本质上讲是吸收并固定大气中的CO_2，从而减少温室气体在大气中浓度的过程、活动或机制，因此碳汇不仅包括土壤、植被和水体等自然要素，还应包括建筑、无机材料等人工因素。建筑能够吸收CO_2主要原理在于作为建筑主要材料的水泥，其化学成分与空气中的CO_2发生化学反应，由不稳定的水化物生成稳定物质的过程，也就是在土木工程领域的碳化反应，建筑通常情况下以碳源的形式存在于全球碳循环过程中，但伴随建筑全生命周期过程，还有一部分CO_2被建筑自身吸收回来。

3.6.2 国内外建筑碳汇案例

3.6.2.1 重庆照母山舜山府小区

重庆龙湖舜山府小区，位于重庆市渝北区照母山森林公园山脚，与森林公园一线毗邻，如图3-1所示。在开发之初，就制定了生态破坏最小、可控为开发原则，并积极参与社区生态修复工作。为了能与森林公园的环境协调统一，项目搭建了衔接住宅小区与照母山森林公园的线性城市公共生态廊道。同时，对裸土区域进行了生态修复，通过污染土壤更换，加种朴树、桂花、红叶李、红叶石楠球、金禾女贞球、麦冬等植物，使得原来裸露的地块全面复绿，成为森林公园的一部分，实现城市景观碳汇。遵循建筑全生命周期低碳的理念，在增加碳汇的同时，也通过一个一个生态项目，提升人们的居住环境，让城市变得宜居、低碳。

图3-1 重庆照母山舜山府

3.6.2.2 "第四代绿色生态住房"——成都七一城市森林花园

成都七一城市森林花园建筑示范项目是由天地建筑创新技术成都有限公司带领多个建筑专家团队共同研发的国内首个"第四代绿色生态住房"，如图3-2所示。城市森林花园建筑理念受到住房和城乡建设部肯定。标志着我国正式步入第四代住房的时代。

第四代住房采用自动滴灌系统对绿植进行自动浇灌，住户只需要每两至三个月修剪一次枝叶即可。第四代住房的庭院绿植有60～120cm厚的覆土，可提供充分的植物营养；楼底板和连接墙面做了刚柔结合的多层防护措施，可有效保护建筑不受植物根系破坏。

城市森林花园建筑（第四代住房·庭院房）目前已有几十种户型，面积从90～2000m^2不等，所配花园面积从40～500m^2均有，能满足各类住户阶层的不同需求，是未来建筑行业发展的方向，与国家打造绿色建筑、生态建筑的理念相契合。一旦全国推广，电梯房将被淘汰，同时将彻底改变城市钢筋水泥的面貌，改善空气质量，大幅降低城市的热岛效应。

图3-2　成都七一城市森林花园

3.6.2.3　墨西哥高速公路垂直花园

墨西哥将高速公路的支柱通过垂直绿化的方式加以利用，如图3-3所示。设计师们希望缓解城市灰色基础设施对城市环境的污染，并使用垂直绿化将植物生命带入城市交通系统，同时缓解高速公路疲劳驾驶的问题。从城市尺度来讲，墨西哥高速公路垂直花园项目除了增加城市美感，缓解污染，还致力于改善光环境对空间使用者的影响，缓解城市灰色设施给城市居民所带来的环境焦虑感。

这些绿墙由几种植物组成，它们会吸收污染物、有助于缓解持续不断的交通噪声并同时产生氧气。植物依靠自动灌溉系统生存，该灌溉系统同时可以将雨水加以利用，在具有特定密度的材质中生长，植物的根部交织到材质中，形成植物群落生态系统。

3.6.2.4　澳大利亚悉尼"垂直花园"大楼

悉尼的中央公园（Central Park）住宅楼将植物布满了建筑立面，这个想法是将绿化从附近的城市公园延伸到建筑物，形成一个绿色的区域，如图3-4所示。

从该建筑的第2层到第33层，约有190种澳大利亚本土物种和160种非本土物种将覆盖建筑平面立面达1200ft^2（1ft=0.3048m），约占建筑外观的一半。通过在各处使用植

图 3-3　墨西哥高速公路垂直花园

物和自然阳光，减少了能源消耗，因此减少了温室气体排放。大楼最杰出之处，是在东楼 29 层处，向外挑出一个悬臂结构，一块闪闪发光的"镜片"。这是"阳光捕捉器"，又称"定日镜"系统。

图 3-4　澳大利亚悉尼"垂直花园"大楼

从可持续发展的角度来说，这里是世界最大的垂直花园，而且此设计还包括一个悬臂式日光反射装置，大楼自建的废水回收再生水厂和低碳三联产（Tri-generation）发电厂。管道输送非饮用水到公寓的洗衣房和浴室，并用来浇灌外墙的绿植。预计未来 25 年可以节省 13.6 万 tCO_2 温室气体排放量。

3.6.2.5　生物碳材料混凝土块

据美国加州大学戴维斯分校和斯坦福大学研究人员的一项新研究，将 CO_2 储存在普通建筑材料中可以帮助解决气候变化问题。由于全球每年生产的混凝土数量非常大，将碳加入混凝土切实可行。例如，用生物炭材料制成混凝土块（图 3-5）。

在新基础设施中完全用储存 CO_2 的替代材料取代传统建筑材料，每年可以储存多达 (16.6 ± 2.8) 亿 tCO_2，大约相当于 2021 年人为 CO_2 排放量的 50%。

图 3-5　生物碳材料混凝土块

3.7　建筑与建筑企业零碳案例

3.7.1　西班牙 ACCIONA 公司

ACCIONA（阿驰奥纳）是西班牙第一家致力于可持续发展的公司，是世界上最主要的风能公司之一。2015 年巴黎气候峰会之后，ACCIONA 通过采取各种措施履行其脱碳承诺，并于 2016 年实现了碳中和，是全球首批实现碳中和的企业。采取的碳减排措施主要包括：

1. 自身业务发展

该公司拥有目前世界上最大的可再生能源控制中心，管理着分布在全球五大洲的风电场、水电站、太阳能光伏发电厂、热电厂和生物质能发电厂等。

2. 碳减排目标

该公司设定了科学碳目标（Science Based Targets，SBT）。ACCIONA 致力于在 2017～2030 年期间将其直接排放和能源消耗排放减少 60%，同时将价值链排放减少 47%，这些目标与《巴黎协定》的目标相一致，ACCIONA 通过了科学碳目标倡议（Science Based Targets initiative，SBTi）核证的减排目标。

3. 自愿减排项目

该公司在墨西哥、印度、智利和哥斯达黎加注册了清洁发展机制（CDM）项目，在美国开展了风电项目的碳标准（Verified Carbon Standard，VCS）计划认证。

3.7.2 哥本哈根大学"绿色灯塔"建筑

丹麦按照碳中和理念设计的第一个公共建筑是哥本哈根大学的"绿色灯塔"建筑。它是哥本哈根大学科学系学生的学习、生活、就业监管咨询中心。同时,它也是2009年在哥本哈根召开的联合国气候峰会(COP15)的一个献礼性建筑,以此向世界展示:凭借自己的技术和材料,完全可以实现碳中和的设计目标。"绿色灯塔"的设计理念是:"尽量减少能耗、使用可再生能源、高效使用化石能源",以此来实现碳中和的目标,并希望建筑成为哥本哈根、丹麦乃至整个欧洲环保建筑的榜样,因此命名为"绿色灯塔"。

哥本哈根大学"绿色灯塔"建筑的能耗设计是以实现CO_2零排放为目标。它的总体思路,一是降低能源需求,二是尽量使用可再生能源,三是高效使用化石能源。采取的具体措施体现在如下5个方面。

1. 良好的保温性能

由于哥本哈根地处北欧,气候比较寒冷,建筑使用了温保性围栏建筑节能设计。为了解决夏天光照强、冬天光照弱的问题,设计采用与窗户相匹配的多种智能电控室内外遮阳、隔热窗帘等产品。

2. 配备有太阳能集热板、光伏电池和蓄热设备

近$300m^2$的南向屋顶面积,除了少部分用作屋顶天窗采光外,大部分用于安装太阳能集热板和光伏电池。

3. 设有热泵

主要作为太阳热能及地热能的循环利用,实现建筑物的供热和制冷,从而保证了季节性储热的优化利用。

4. 安装热敏地板

建筑内部的热敏地板具备热储存功能,能够高效地将白天吸收的热量储存起来,并在夜间将其释放利用。从舒适性角度考量,地板供热系统相较于空气供热系统具有显著优势,其供热效果更为出色,可为室内环境提供更加均匀、稳定且持久的热能,从而显著提升空间的热舒适度。

5. 配有能源中控系统和能耗记录系统

各区域内精心布置了光感、温感、风感、CO_2等众多智能探头,全方位实时监控区域环境。一旦探头监测到环境指标异常,自控系统便会迅速响应,精准执行开关窗、启闭窗帘、启闭电灯等操作,巧妙调节室内气候,营造舒适宜人的空间氛围。此外,能源使用记录系统持续精准记录各区域供热、供水、通风、照明等各项能耗和水耗数据,为后续深入分析与研究提供翔实可靠的依据,助力实现能源和资源的高效利用与精细化管理。

第4章
促进低碳建筑发展的市场化机制

4.1 概要

要实现低碳建筑的长效发展,除了需要政策端的积极引导,也离不开灵活、及时的市场化机制推动。低碳建筑的市场化机制既是相关产业政策的有益补充,也是政策落实的重要抓手,两者相辅相成。而促进低碳建筑发展的市场化机制是指运用市场经济原理和技术手段,通过各种激励和约束措施,在建筑全生命周期中提升能源利用效率、减少资源浪费并控制温室气体排放,进而引导建筑产业链的低碳化转型,最终实现建筑领域的经济效益和全社会环境效益的最大化。当前,促进低碳建筑发展的市场化机制对于应对气候变化和实现人类社会的可持续发展已发挥了重要的作用,包括:

1. 推动绿色建筑经济的发展

通过绿色基金、绿色保险、财政激励和减税优惠等途径,以市场化机制吸引资金投入到绿色建筑项目中,可创造新的经济增长点和就业机会,推动建筑绿色供应链的有效延伸,刺激绿色经济的经济增长,实现经济效益与环境效益的双重收获。

2. 创新驱动与技术进步

推进建筑科技的进一步发展,促进新材料、新能源、新控排技术、新智能控制技术等前沿技术的商业化和规模化应用。

3. 提高资源能源利用效率

通过市场化的价格机制、评价机制等手段,推动建筑企业与相关方关注在节能、减排、控碳等方面的要求,主动寻求优化路径,进而提升全行业的资源、能源利用效率。

4. 国际协作与示范效应

通过国际的项目合作、技术交流与采信,展示成功案例,激励其他国家和地区采纳低碳建筑模式,促进全球范围内的最佳实践共享。

基于以上论述,采用市场化机制推动低碳建筑发展是一条行之有效的道路;而采用什么样的市场化机制来提升建筑业企业及相关方向绿色低碳转型的意愿，进而使产业链形成良性正循环，也已成为全行业关注的重要议题。本章将从目前应用较多的市场化机制出发，阐释它们的基本运行原理，并分析它们对于推动低碳建筑发展的作用，以供读者参考。

4.2 碳排放权交易机制

4.2.1 碳排放权交易体系的基本概况

近年来，从世界范围内的理论研究和实践结果来看，碳排放权交易是控制温室气体排放的有效市场化手段。该机制通过设定碳排放总量上限，并发放相应的碳排放配额，允许企业和实体在市场上自由买卖（碳交易）这些碳配额，从而激励配额盈余的组织出售多余的配额给配额短缺的组织，进而实现社会整体碳排放总量控制，如图4-1所示。可以说，碳排放权交易就是以"碳排放权"作为交易对象，组织通过买卖"碳排放权"实现各自的碳减排任务。相比于政府行政监管及碳税征收等"简单直接"的行政手段，碳排放权交易取而代以行政手段和市场手段相结合的方式，刺激各企业以最优成本进行减碳，实现了市场资源的有效配置，更容易为组织所接受。

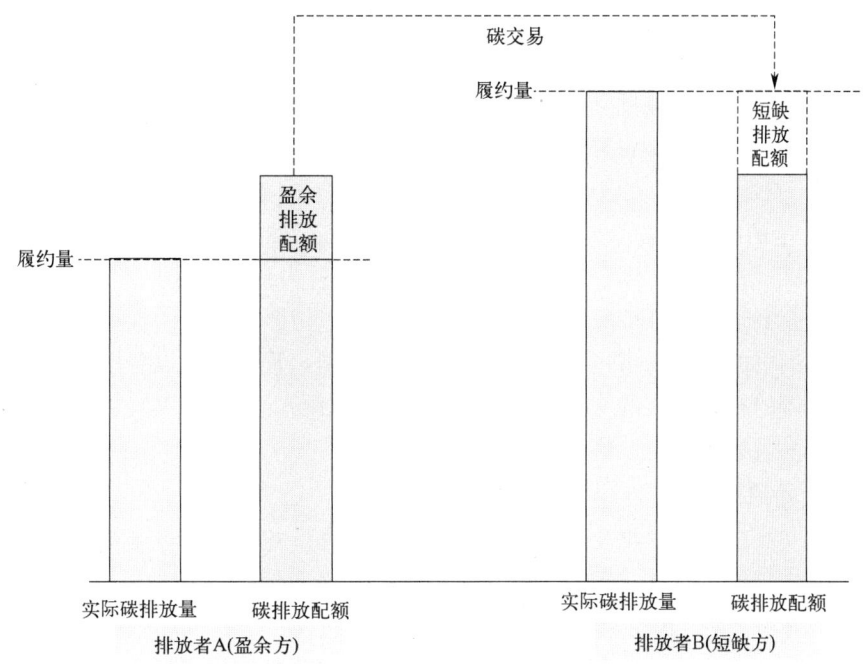

图4-1 碳排放权交易原理示意图

碳排放权交易的基础是排放配额与履约制度，核心是碳排放交易体系。从世界各地的实践来看，欧盟排放交易体系（EU Emission Trading Scheme，EU ETS）是建成最早的规模化碳交易体系，对后续世界各地的碳交易体系建立产生了深远的影响。目前欧盟碳市场已经纳入了电力、石油冶炼、钢铁、水泥、玻璃、陶瓷、造纸等行业，根据欧洲联盟执行委员会发布的 2023 年度欧盟碳市场统计数据，这些行业的碳排放约占欧盟整体排放的 40％。根据《2024 年欧盟气候行动进展报告》(EU Climate Action Progress Report 2024)，2023 年欧盟 ETS（覆盖的）设施的碳排放量比 2005 年水平降低 47.6％，2023 年建筑业碳排放较 2022 年下降了约 5.5％。

2013 年以来，我国先后建成广东、上海、北京、湖北、深圳、重庆、天津、福建等多个地方试点碳交易市场。通过试点碳交易市场运行经验的积累，2021 年 7 月中国碳排放权碳交易市场正式启动。截至 2024 年，中国碳排放权交易市场已经覆盖了 2200 余家企业（发电企业），年覆盖约 51 亿 tCO_2，占全国 CO_2 排放的 40％以上，已成为全球覆盖温室气体排放量最大的市场。根据《中国电力行业年度发展报告 2024》的数据，2023 年我国单位发电量约 540g CO_2/kWh，同比降低 0.20％，比 2005 年降低 37.1％，碳市场对电力行业减排的推动提升作用较为明显。随着水泥、钢铁、电解铝等行业企业逐步纳入全国碳排放权交易体系，中国碳排放权交易市场将进一步扩容。

4.2.2 碳排放权交易市场的分类

1. 按所属法律框架划分

根据所属的法律框架，碳排放权交易市场可以分为京都机制下的交易市场和非京都机制下的交易市场。京都机制下的碳交易市场是指以 UNFCCC 和《议定书》中所约束的温室气体排放权配额或减排信用额交易机制为基础而建立的碳交易市场。在《议定书》下催生的碳交易机制有：承担减排义务的附件一国家之间以项目合作开发为基础进行减排的联合履约机制（Joint Implementation，JI），其产生的减排量被称为 Emission Reduction Units（ERUs）；在附件一国家资金或技术支持下，非附件一国家进行减排的清洁发展机制（CDM），其产生的减排量被称为 CERs（Certified Emission Reduction）；以及附件一国家之间进行以配额（assigned amount units，AAUs）交易为基础的国际排放贸易（International Emission Trading，IET）。

非京都机制下的碳交易市场是指不受《京都议定书》管辖的，以各国或各区域法令或交易机制为基础的相对独立的交易模式和区域性交易市场，主要有美国加州区域碳交易市场和中国碳交易市场等。

2. 根据交易原理划分

碳排放权交易市场可根据交易原理机制分为基于总量控制交易机制交易市场和基于基准线信用机制交易市场。基于总量控制交易机制指在设定温室气体放总量限制的基础上，建立对温室气体排放权合理的定价机制，使组织可通过碳排放权交易达到减少温室气体排放的一种市场机制；应用该机制的碳排放权交易市场如欧盟排放交易市场、美国区域温室气体倡议市场、中国碳交易市场等。

基于基准线信用机制指当一个项目通过碳减排活动使得实际碳排放量低于常规情景下的排放基准线时，将产生额外的碳减排信用，该碳减排信用可进行出售；应用该机制的碳排放权交易市场如《京都议定书》下的 CDM 市场、JI 市场、中国自愿减排交易市场等。

3. 根据是否具有强制性分类

根据是否具有强制性，碳排放权交易市场可分为强制性（或称履约型）碳排放权交易市场和自愿性碳排放权交易市场。

强制性碳排放权交易市场多应用于国家或区主导下的基于总量控制的碳排放履约市场，纳入该市场体系的组织负有参与碳排放履约与碳交易的法律义务，典型如欧盟碳排放交易市场、新西兰碳交易市场、中国碳交易市场等。

自愿性碳排放权交易市场指采用社会责任与市场机制引导组织或个人减少温室气体排放并获益的交易市场机制。自愿性碳排放权交易市场的核心是个人或组织出于社会责任与品牌形象等因素，愿意为温室气体自愿减排成本提供补偿，以实现降低社会平均减排成本的目的，是碳交易体系的重要组成部分。该市场机制目前已经发展出清洁发展机制（CDM）、碳核证标准机制（VCS）、黄金标准机制（Gold Standard，GS）、中国国家核证自愿减排机制（Chinese Certified Emission Reduction，CCER）、美国碳登记机制（American Carbon Registry，ACR）等多个自愿碳减排量开发与交易机制。自愿减排量交易（以 CCER 为例）在碳交易体系中的作用如图 4-2 所示。

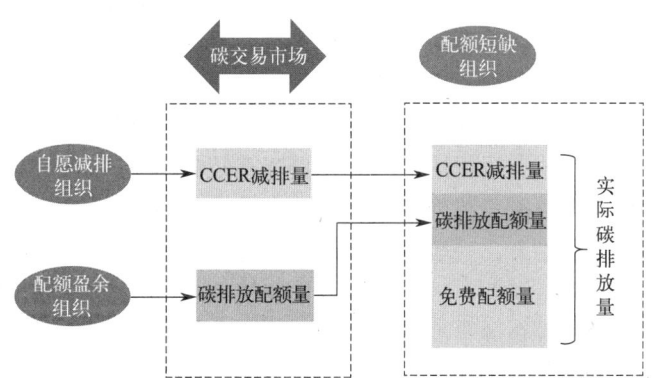

图 4-2　自愿减排量交易（以 CCER 为例）在碳交易体系中的作用

4. 根据市场类型分类

根据市场类型，碳排放权交易市场可分为一级市场和二级市场。一级市场是对碳排放权进行初始分配的市场体系，市场管理主体对碳排放空间使用权的完全垄断，使一级市场的卖方只有市场管理主体，买方包括履约企业和规定的组织，交易标的物仅包括碳排放权一种，市场管理主体对碳排放权的价格有控制力。二级市场是碳排放权的持有者（下级政府、企业及其他纳入市场的主体）开展现货交易的市场体系，该市场完全遵循自由市场运行原理，碳排放权价格由供需关系决定，市场管理主体不直接干预。

4.2.3　建筑领域的碳排放权交易

1. 强制性碳排放权交易机制的实践

当前，世界上仍未建成涵盖建筑全产业链的强制性碳排放权交易体系，仅有少量基础建筑材料行业被纳入碳交易体系，如水泥行业、钢铁行业、铝制品行业、玻璃行业等；此外，部分国家及地区将公共建筑运营也纳入碳交易体系。然而，如前文所述，建筑全产业链的碳排放量巨大且与人类生产、生活密切相关，因此已经有越来越多的碳交易体系计划纳入更多的建筑产业，如欧盟的 EU ETS2。

在我国，建筑相关产业也已经参与到强制性碳交易市场中。以水泥行业为例，根据中国水泥网的统计，截至 2024 年 2 月，北京市、广东省、湖北省、重庆市、天津市、福建省中均有水泥被纳入碳排放履约体系，约 170 家水泥企业参与了地方碳排放权交易试点工作。在碳排放权配额分配方式上，各试点多采用免费发放为主、有偿为辅的方式，有偿发放配额多采用不定期竞价发放的形式；在碳排放权配额分配方法上，各试点采取的方案包括历史强度法、标杆法和基准线法（其中福建省和广东省对不同规模的熟料生产线设置不同的基准值，生产线规模越大，基准值越低）。2023 年 12 月，中国建筑材料联合会会长阎晓峰在中国建筑材料联合会六届理事会四次会议上表示，水泥行业已实现碳达峰，进入碳中和阶段。从水泥行业参与试点碳交易的实际情况，结合水泥行业实现碳达峰的现状上看，碳排放权交易在一定程度上起到了提升企业碳减排意识、促进减排技术落地、推进行业整体向低碳化发展的作用。

此外，截至 2024 年，北京、上海、广东、深圳等试点碳交易省份已将公共建筑运营过程纳入或计划将纳入强制性碳交易体系。在这些碳交易试点省市中，深圳市将单体建筑面积 2 万 ㎡ 以上的 200 栋建筑纳入了强制性碳交易体系；上海市将 14 家公共建筑运营单位纳入碳排放配额管理。虽然公共建筑运营过程参与试点碳交易起到了先试先行的示范作用，但就目前国内碳交易试点运行情况来看，仍存在较多问题，首先是公共建筑参与碳交易的数量较少，其影响力及覆盖范围仍较为有限；其次是参与碳交易的建筑运营主体多为建筑运营方、物业方或业主方，一般民众对此关注度较低；最后是建筑运行过程的碳排放核算方法学及监测方法仍不完善，且缺乏协调性与统一性。随着我国碳排放权交易体系的不断发展，相信这些问题将会逐步得到有效的解决。

2. 自愿性碳排放权交易机制的探索

当前，已有一些国内的建筑业企业开始基于强制性碳排放权交易制度理论探索碳控排路径。2024 年 11 月，中国交通建设集团有限公司（以下简称中交集团）依托广西全州至容县高速公路平乐至昭平段建设项目，在其集团内部开展了建设工程领域的首次碳交易试验活动，交易双方完成了 891 tCO_2 排放权的交易转移。该碳交易试验采用基准值法分配免费的碳排放权配额，即通过制定单位产值碳排放强度的基准值，并结合各试点单位的实际产值情况，来发放免费的碳排放权配额。而后，为了完成集团的碳履约要求，各试点单位会根据自身碳排放权配额盈缺情况，通过碳交易完成碳排放权配额的买卖。我们不难看出，在中交集团的碳交易体系中，集团总部充当了最高管理部门的角色，以集团指令的强制力为保证，要求参与试点的下属单位完成碳排放履约，进而推动了碳交易的产生。通过这种自愿性的公司内部碳交易体系，中交集团对下属单位的碳控排要求的实现了从"计划控排"到"自驱控排"的方式转变，既给了下属单位一定的自由度，又完成了集团的碳排放总量控制，还践行了企业的社会责任，这对广大建筑企业起到了启发意义。

另外，国内外针对建筑领域的温室气体自愿减排量开发与交易也进行了一定的探索。尤其是针对建筑设备能源利用效率及清洁能源使用方面，陆续形成了一系列的自愿减排量开发方法学，例如 CDM 方法学中的 AMS-Ⅱ：Demand-side energy efficiency activities for installation of energy efficient lighting and/or controls in buildings（在建筑内安装节能照明和/或控制装置的能源效率）、AMS-Ⅰ.J.：Solar water heating systems（太阳能热水系统）、AMS-Ⅱ.E.：Energy efficiency and fuel switching measures for buildings（针对建筑提高能效和燃料转换的措施）、AMS-Ⅲ.AE.：Energy efficiency and renewable energy measures in new residential buildings（新建住宅建筑中的能效和可再生能源措施）、AM0091：Energy efficiency technologies and fuel switching in new buildings（新建建筑中能效技术及技术转换）等。值得一提的是，在中国自愿减排交易体系（2012～2017 年）中，也曾基于 CDM 方法学开发了建筑领域 CCER 方法学，建筑运营者将温室气体自愿减排量投入交易市场即可获得收益。然而，我国发布的上一版建筑领域 CCER 方法学（已作废）也存在一定适用性与经济性问题，大多数方法学仅在建筑运行阶段的电能节约领域有所涉及，因此建筑行业可开发的减排放量数量较为有限，经济效益有限，业主方对开发此类 CCER 的积极性不高。基于此，借由 2024 年中国 CCER 交易体系重新启动的新契机，研究建筑全生命周期的减排源头（如建筑施工节能减排、建筑材料节约减排、建筑储能减排、建筑碳吸收等），深挖建筑减排量空间并将其转换为 CCER 减排量将具有很强的现实意义。

此外，关于建筑运行阶段的减排量交易也正处于探索阶段，例如 2023 年 8 月河北省生态环境厅联合河北省住房和城乡建设厅发布的《河北省住宅建筑居住节能碳普惠降碳产品方法学》，该方法学给出了节能住宅建筑居民生活碳普惠活动项目开发原则，并规范项目 CO_2 减排量的核算、核证方法，确保了项目碳减排量可测量、可报告、可核查。值得一提的是，该方法学给出了河北省地区单位建筑面积居民生活基准用电量及单位建筑面积市政供热基准用热量，这就给相关方法学建立基准线排放量带来了极大的便利。

4.3 合格评定机制

4.3.1 合格评定的基本作用

在重视建筑领域控制温室气体排放的同时，也应关注到建筑行业在新时代高质量发展下的多样化绿色需要。根据资源节约、环境友好、经济循环、健康人居的协同发展理念，以节约能源、有效利用资源的方式建造低环境负荷情况下安全、健康、高效及舒适的绿色建筑，进而提升人民群众的居住幸福感，已经成为建筑行业发展的一项重大使命。而相关方（主要包括主管部门、开发商、设计方、施工方、业主/消费者等）对于低碳建筑的发展着眼点在层级上不尽相同（表 4-1），如果仅使用诸如强制性的行政手段，很难取得显著的效果。因此，既要促进建筑全生命周期碳减排、提升建筑人居舒适性，同时提升建设方的积极性，就必须引入市场的采信引导措施。近年来，利用合格评定手段（包括认证或评价等）来增强低碳建筑的政策落地，进而增强低碳建筑的市场化采信力，已经获得了越来越多的实效。而如何利用好合格评定手段，将双碳理念更好地融入建筑高质量发展的范畴，使温室气体减排成为实现绿色建筑的重要支撑，进而建立科学、高效、公平的合格评定制度，应是我们值得关注的问题。

相关方对低碳建筑的发展着眼点示例 表 4-1

序号	相关方	对低碳建筑发展的着眼点
1	主管部门	贯彻落实党中央、国务院关于碳达峰碳中和决策部署，控制城乡建设领域碳排放量增长，提升绿色建筑品质，全面实现建设领域绿色低碳转型升级。如： 《城乡建设领域碳达峰实施方案》：2030 年前，城乡建设领域碳排放达到峰值； 《加快推动建筑领域节能降碳工作方案》：提升城镇新建建筑节能降碳水平、强化建筑运行节能降碳管理、推动建筑用能低碳转型
2	开发商	通过建设低碳建筑项目，提升企业的社会影响和品牌形象，获得更高的经济效益，获得绿色金融支持
3	设计方	通过设计方案，促进建筑的节能、减碳水平，增强人居友好属性，提高自身知名度，为客户做好服务，获得更高的经济效益
4	施工方	通过绿色施工，降低施工过程环境污染和资源能源消耗，降本增效，获得更高的经济效益
5	业主/消费者	在满足建筑安全耐久和基本使用功能的前提下，实现居住健康、舒适、便利的使用属性，并降低建筑使用成本（如水费、电费等）；在购买或者租用建筑时，获得绿色金融支持，更高的贷款额度和更优惠的贷款利率

4.3.2 低碳建筑合格评定的需求分析

1. 建筑产业链对低碳合格评定的需求

建立客观的评价、认证体系和标准，对建筑物或建设工程开展低碳认证或评价，有助于证实建筑的低碳管理水平，为持续降低建材与设备生产、建筑施工、运行过程的能源消耗和温室气体排放提供市场化的采信证明，并为业主方和消费者选择绿色低碳建筑提供明确的指导。因此，从建筑产业链的角度出发，无论是设计方、施工方、材料与设备供应方、运营方或是使用方均有低碳合格评定的采信或被采信需求。

2. 建材与设备对低碳合格评定需求

国家标准《绿色建筑评价标准》GB/T 50378—2019（2024 年版）中，将建筑使用绿色建材的比例作为绿色建筑评价项之一。在该标准的基本规定（强制性）中，要求"一星级、二星级、三星级绿色建筑的绿色建材应用比例应分别达到 10%、20%、30%"。

2022 年 10 月发布的《关于扩大政府采购支持绿色建材促进建筑品质提升政策实施范围的通知》中要求，自 2022 年 11 月起，在北京市朝阳区等 48 个市（市辖区）实施政府采购支持绿色建材促进建筑品质提升政策。纳入政策实施范围的项目包括医院、学校、办公楼、综合体、展览馆、会展中心、体育馆、保障房等政府采购工程项目，含适用招标投标法的政府采购工程项目。纳入试点的项目，应落实绿色建材及绿色设备的采购要求，将其作为招标投标的实质性条件。

如何准确判断建筑施工过程所采购使用的是否为绿色建材或绿色设备设施，是上述政策能否落实的关键点之一，通常包括采信认证结果、采信检验结果、采信地方确定的评价机构评价结果等三种方式。这三种方式中，采信绿色建材产品分级认证证书、中国绿色产品认证证书、低碳产品认证证书的方式，无疑更加权威可靠，可确保采购产品与绿色要求的持续符合性，同时降低企业在不同项目、不同地区重复检测和重复评价的成本和手续。

3. 绿色金融对低碳合格评价的需求

2013年，《国务院办公厅关于转发发展改革委 住房城乡建设部绿色建筑行动方案的通知》指出，综合运用价格、财税、金融等经济手段，发挥市场配置资源的基础性作用，营造有利于绿色建筑发展的市场环境，激发市场主体设计、建造、使用绿色建筑的内生动力。近年来绿色金融对于绿色建筑领域的支持已经起步。各金融机构开始探索相关的金融产品和工具，包括支持绿色建筑的绿色信贷、绿色债券、绿色CMBS、类REITS等证券化产品、绿色建筑保险产品试点、绿色建筑主题的基金等。从市场规模来看，支持绿色建筑最主要的产品是绿色信贷和绿色债券。

此外，在《绿色建筑评价标准》GB/T 50378—2019（2024年版）中规定，在建筑工程施工图设计完成后，可进行预评价（预评价不授予标识），据此相关方可以从金融机构和市场获得绿色融资（如绿色信贷和绿色债券）支持。然而，当前绿色建筑运行标识的管理办法以及项目建成后的评估机制仍不完善，绿色建筑的信息披露机制也尚未建立，因此行业监管部门、金融机构和消费者缺乏及时了解、监测和采信绿色建筑的实际运行效果的机制。故而，建立低碳建筑合格评定制度对于降低金融机构风险、确保建成绿色低碳项目，有积极的意义。

4.3.3 低碳建筑合格评定的主要形式

目前，国内外开展低碳建筑合格评定，一般采用认证或评价等形式。认证一般指由第三方对产品、过程或服务满足规定要求给出证明的程序。在我国开展认证活动，需要遵守《中华人民共和国认证认可条例》《认证机构管理办法》等相关法律法规要求，并受主管部门（国家认监委等）监管，按照规范的程序及标准开展。因此，认证是一项有准入、有监管的规范性合格评定活动。而评价活动则既可以是在行业主管部门指导下开展（如绿色建筑标识认定），也可以由行业组织或第三方机构自行发起，如某行业协会、某联盟发起的评价活动、某高校设立的评选机制等。此外，认证与评价在技术依据、活动程序、监管上存在很大的不同。然而，评价与认证在满足一定要求的基础上，也存在相互转化的情况，如由工业和信息化部、住房城乡建设部发起的"绿色建材评价"在2019年被纳入中国绿色产品认证体系，成为"活动二 绿色建材产品分级认证"。另外，由于国内外制度的差异，部分国外的建筑评价活动在引进国内时，采用"Certification"的词义，也被翻译为"认证"（如LEED认证、WELL认证），这些"认证"与受主管部门监管的认证活动显然也是有区别的。

4.3.4 国际低碳建筑合格评定的发展情况

1. LEED绿色建筑认证

LEED（Leadership in Energy and Environmental Design）绿色建筑认证，是美国绿色建筑委员会（U.S. Green Building Council，USGBC）所建立的领先能源与环境设计建

筑评级体系，该体系由可持续建筑场址、水资源利用、能源与大气、资源与材料、室内空气质量五大方面指标构成。根据项目实现的具体要求和水平，LEED 认证的结果由低到高分为认证级、银级、金级和铂金级四个级别。在 LEED 认证的技术要求层面，与碳排放管理直接相关的是"建筑产品分析公示和优化-产品环境要素声明"指标，该指标鼓励披露建筑材料和产品的碳足迹，在一定程度上可以帮助建筑减少全生命周期的碳排放。

USGBC 于 2019 年发布了 LEED Zero 评价体系，旨在鼓励绿色建筑在实际运营过程中实现净"零"目标，包括：零碳（LEED Zero Carbon）认证、零能耗（LEED Zero Energy）认证、零水（LEED Zero Water）认证及零废弃物（LEED Zero Waste）认证。其中，LEED Zero Carbon 零碳认证需要证实建筑在上一年度实现了 CO_2 的零排放（碳抵消）。LEED Zero 评价体系虽提出了"零"目标，但并未明确详细的技术实现路径；且该认证体系仅针对建筑运行阶段，仅计算运行碳，未考虑隐含碳。

2. BREEAM 环境评估体系

BREEAM 全称为英国建筑研究院环境评估方法（Building Research Establishment Environmental Assessment Method），该评估方法对建筑的管理、健康、交通、能耗、水、材料、废弃物、污染、土地使用和生态等要素进行环境影响评分，最终结果按照评分等级由低到高分为合格、良好、优秀、出色和杰出 5 个级别。该评估方法中，建筑能耗的评分包含"节能和碳减排"要求；其评分方法是通过模拟得到基准建筑和参评建筑的运行能耗、一次性能源的消耗、CO_2 排放量，输入 BREEAM 专用计算工具，得到参评建筑相对于基准建筑的能效比值，进而评分。此外，如果开展建筑碳排放抵消，可以获得额外加分。

2021 年 11 月，莱茵检测认证服务（中国）有限公司与英国建筑研究院联合推出了净零碳建筑认证评估体系，零碳的评估范围涵盖建筑材料隐含碳排放、建筑运行期（新建建筑、既有建筑）的碳排放等，评价等级由低到高分为通过级、优秀级和卓越级。

3. DGNB 绿色建筑认证

DGNB 绿色建筑认证由德国可持续建筑委员会发起，该认证包括生态质量、经济质量、社会文化及功能质量、技术质量、过程质量和基地质量等 6 大领域要素，覆盖了绿色生态、建筑经济、建筑功能与社会文化等建筑产业链。认证结果根据得分情况由低到高分为铜级、银级、金级和铂金级 4 个等级。

DGNB 绿色建筑认证对建筑全生命周期（材料生产与建造、使用、维护与更新、拆除和重新利用等过程）碳排放提出了核算方法，包括：①材料生产与建造过程，考虑原料获取、材料生产、运输、建筑建造等各方面过程中的碳排放量；②建筑使用过程，主要是含建筑供暖，制冷，通风，照明等维持建筑正常使用功能的能耗所产生的碳排放；③维护与更新过程，核算所有建筑使用周期内（按 50 年计）需要更换的建筑材料及设备的数量，根据这些建筑材料及设备的碳排放背景数据，得到建筑在维护与更新过程中的碳排放量；④拆除和重新利用：将建筑拆除后产生的物料分为可回收物料和建筑垃圾，进而核算可回收物料回收过程及建筑垃圾处理过程的碳排放。

4. EDGE 绿色建筑认证

EDGE（Excellence in Design for Greater Efficiencies）绿色建筑认证是国际金融公司

IFC 为推进全球可持续发展而设立的绿色建筑认证体系。该认证体系强调资源节约与能源低碳化，对建筑的低碳发展有较强的引导作用，其等级由低到高分为 EDGE 标准认证（EDGE Certified）、EDGE 高级（EDGE Advanced）认证、EDGE 零碳（EDGE Zero Carbon）认证。EDGE 绿色建筑认证等级要求见表 4-2。

EDGE 绿色建筑认证等级要求　　　　表 4-2

认证要求	EDGE 标准认证	EDGE 高级认证	EDGE 零碳认证
要求内容	与当地基准建筑对比，节约用能 20% 或以上，包括建筑现场能源使用节约、水和材料的隐含能源的节约	与当地基准建筑对比，建筑现场用能节约 40% 以上，水和材料的隐含能源节约 20% 以上	在通过 EDGE 高级认证的基础上，有两条获得 EDGE 零碳建筑认证的路径：①通过购买碳补偿（碳汇）实现 100% 的碳中和；②采用自发或采购可再生能源，实现化石能源的 100% 替代

4.3.5　国内低碳建筑合格评定的发展情况

1. 绿色建筑标识认定

2021 年中国住房和城乡建设部印发了《绿色建筑标识管理办法》，该文件规定绿色建筑标识星级由低至高分为一星级、二星级和三星级 3 个级别，根据建筑类型分别采用《绿色建筑评价标准》GB/T 50378—2019（2024 年版）、《绿色工业建筑评价标准》GB/T 50878—2013 及《既有建筑绿色改造评价标准》GB/T 51141—2015 等相关标准开展认定工作。在绿色建筑评价系列标准中，对节地与室外环境、节能与能源利用、节水与水资源利用、节材与材料资源、室内环境治理和运营管理 6 类指标分别设定评分要求，而三个星级均设置了达标的分数线，受评建筑根据评价得分来确定所属星级。《绿色建筑标识管理办法》规定的绿色建筑标识认定流程包括：申报、推荐、审查、公示、公布等环节，其中审查包括形式审查和专家审查。目前，绿色建筑标识认定工作的推荐、评审、确定等关键环节均由各级住房和城乡建设部门负责，因此该活动属于官方性质的评选活动，市场化机构无法直接参与该活动。

在碳排放管理要求方面，《绿色建筑评价标准》GB/T 50378—2019（2024 年版）对建筑的降碳成效进行了要求。例如，"提高与创新"章节中的加分项（9.2.7 条），采取措施降低建筑全寿命期碳排放强度，随降碳措施效果的高低可获得相应加分（降低 10% 得 10 分；每再降低 1%，得 1 分，最高得 30 分）。此外，绿色建筑标识评定还应遵守《建筑节能与可再生能源利用通用规范》GB 55015—2021 的要求，标准中要求新建的居住和公共建筑碳排放强度应分别在 2016 年执行的节能设计标准的基础上平均降低 40%，碳排放强度平均降低 7kg $CO_2/(m^2 \cdot a)$ 以上；新建、扩建和改建建筑以及既有建筑节能改造过程均应在可行性研究报告、建设方案和初步设计文件中包含碳排放分析报告。

2. 零碳（碳中和）建筑评价

当前，零碳（碳中和）建筑认证或评价活动的形式多为在规定的范围内核算建筑物的碳排放，而后实施减碳措施，并抵消无法减排的碳排放，最后认定建筑实现了零碳（碳中和）。就国内的发展情况来看，2022 年 6 月中国城市科学研究会和中国房地产业协会联合发布了《碳中和建筑评价导则》，该导则规定评价流程分为预评价和评价两个阶段，碳中和的评价范围分为建筑运行阶段碳中和、建筑全生命期碳中和（范围包括建筑隐含碳和建筑运行碳两部分）两类；同时，该导则提出的评价要求还包括建筑性能评价、碳排放计算与核查、碳排放抵消措施评价以及碳中和声明等，评价结果由低到高分为铜级、银级、金级和铂金级 4 个等级。

2024 年 9 月，中国建筑节能协会发布了《零碳建筑测评标准（试行）》T/CABEE 080—2024，同期启动了"零碳建筑测评"活动，批准了 18 家第三方零碳建筑测评机构，并发布了第一批零碳建筑项目。《零碳建筑测评标准（试行）》T/CABEE 080—2024 作为该评测活动的基本技术依据，其在编制过程参考了中国能源结构发展趋势、气候特点、建筑类型、建筑用能特性和低碳技术发展趋势，提出了低碳建筑、近零碳建筑、零碳建筑及全过程零碳建筑的评价方法和技术要求，构建了涵盖控制指标与控制措施的评价体系；该标准在内容上规范了零碳建筑的定义、评价条件、碳排放计算与核算、室内环境参数、碳排放指标、建筑降碳控制措施应用、建筑降碳等级评价、建筑降碳性能检测与监测等多方面内容。

3. 绿色建材产品分级认证

建筑材料作为建筑的基础性原材料，其绿色低碳属性直接影响建筑物的全生命周期碳排放。绿色建材是指在全生命周期内可减少对天然资源消耗和减轻对生态环境影响，具有"节能、减排、安全、便利和可循环"特征的建材产品。绿色建材产品分级认证是在原绿色建材评价标识工作的基础上，依据《关于推动绿色建材产品标准、认证、标识工作的指导意见》（国质检认联〔2017〕544 号）、《绿色建材产品认证实施方案》（市监认证〔2019〕61 号）、《关于加快推进绿色建材产品认证及生产应用的通知》（市监认证〔2020〕89 号）等文件精神，由国家统一推行的分级认证制度，是中国推动绿色产品认证在建筑材料领域率先落地的重要成果。

目前已发布的两批认证目录共涵盖 72 种建材产品，其中多数建材产品的认证要求包括了碳足迹、能源消耗限额、碳排放限额等与碳排放相关的指标，从客观上支撑了低碳建筑体的绿色选材。作为一项国推认证制度，目前已有 80 余家第三方认证机构可以提供该服务，近 5000 家企业通过认证，发证量超 9000 张。

4.4 绿色金融支持机制

4.4.1 绿色金融支持低碳建筑发展的基本原理

根据中国人民银行、财政部等七部委发布的《关于构建绿色金融体系的指导意见》（2016）的定义，"绿色金融"是指为支持环境改善、应对气候变化和资源节约高效利用的经济活动，即对环保、节能、清洁能源、绿色交通、绿色建筑等领域的项目投融资、项目运营、风险管理等所提供的金融服务。

为了有效推动低碳建筑的市场化发展，绿色金融支持机制必不可少。而绿色金融支持的核心在于通过金融工具和政策的引导，即通过降低融资成本、分担投资风险、提供政策资金支持、技术创新奖励等方式，使资金流向那些符合低碳、健康、可持续发展的建筑产业项目；使绿色金融机制成为低碳建筑发展的加速器，进而以点带面，推动建筑领域全产业链的低碳转型。除了实现合理的经济利益，绿色金融支持机制应关注以下三个方面。

4.4.1.1 确保环境与社会效益

绿色金融应引导资金流向能够带来环境和社会效益的建筑产业项目，如鼓励建筑运行过程通过减少能源消耗、提高能源效率、增加碳汇等方式实现低碳运营，助力实现"双碳"目标；或者通过人居环境改善，提升居民居住福祉。

4.4.1.2 政策支持和引导

绿色金融机制落地离不开政策工具的支持和引导，包括：

1. 绿色信贷

主管部门鼓励银行向低碳建筑产业项目提供优惠利率的贷款，以降低建筑的建设资金成本，或支撑绿色建筑技术的研发，进而吸引更多资本流向低碳建筑领域。

2. 绿色债券

相关金融平台通过发行绿色债券筹集到资金，满足低碳建筑项目的融资需求，以支持低碳建筑的设计、建造、维护、节能减排改造、生态保护等工作。

3. 绿色基金

主管部门或金融机构设立绿色基金，专门用于投资低碳建筑项目。这些基金可根据项目的低碳水平进行筛选，进而提供不同力度的资金支持。

4. 税收优惠

国家低碳建筑实施的税收优惠政策。如通过增值税减免或所得税的优惠等方式，可进一步降低低碳建筑的开发与运营成本，进而支持低碳建筑发展。

5. 提供财政补贴和奖励

为了吸引更多投资者参与低碳建筑的开发与运营，政府可对符合低碳建筑标准的项目提供财政补贴或奖励。这样可以降低项目业务方的资金投入，增强开发低碳建筑的积极性，促进低碳建筑的进一步普及。

4.4.1.3 风险分担机制

低碳建筑产业项目的开发通常需要较高的初期投资，且由于缺乏足够的市场经验，可能会面临较高的市场和技术风险。绿色金融通过设置风险分担机制，帮助投资者降低风险，包括：

1. 绿色保险

金融机构可以提供专门针对绿色建筑项目的保险，保障项目的资金安全。因此，低碳建筑产业项目面临的风险可以通过绿色保险得到托底，防止出现恶性连锁反应，保护投资信心。

2. 风险补偿

主管部门或金融机构设立风险补偿基金，承担一定比例的风险，以增强低碳建筑产业项目的开发积极性，尤其对低碳建筑技术开发具有较强的信心提振作用。对于有较高环境效益的项目，主管部门可提供部分补贴或低利率贷款，以降低项目的初期投资风险。

4.4.2 绿色金融支持机制的现状

4.4.2.1 国际绿色金融支持机制

国际上，绿色金融支持已成为推动低碳建筑发展的核心手段之一。各国通过政策支持、金融工具和市场机制，激励企业、地方政府和金融机构投入更多资金用于低碳建筑项目。这些政策不仅帮助建筑行业降低碳排放，还促进了可持续发展。举例来说：

1. 美国纽约市绿色建筑贷款

约市通过绿色贷款计划（Green Financing Program）可以为符合绿色建筑标准的项目提供低利率贷款，进而促进老旧建筑的绿色改造。

2. 欧盟绿色债券标准

欧盟于2021年发布了《欧盟绿色债券标准》（EU Green Bond Standard），该标准旨在引导资金流向符合低碳、环保和社会责任要求的建筑项目。

3. 欧洲投资银行（EIB）绿色融资

欧洲投资银行通过绿色债券、绿色贷款等形式，以优惠利率和贷款条件，为欧盟成员国的低碳建筑项目提供融资帮助。

4. 德国建筑节能贷款计划

德国政府为绿色建筑和节能改造项目提供了专门的绿色贷款支持。通过德国国家银行（KfW）的"节能贷款计划"，为符合节能标准的建筑项目提供低利率贷款。

5. 瑞士绿色建筑基金

瑞士银行和多个投资机构联合设立了绿色建筑基金，专注于投资符合环保标准的低碳建筑项目。该基金主要支持瑞士及欧洲其他地区的绿色建筑项目，尤其是采用可再生能源和高效节能技术的建筑。

6. 澳大利亚可持续建筑绿色金融政策

澳大利亚政府与多家金融机构联合推出了专项绿色贷款计划，为符合绿色建筑标准的低碳建筑项目（特别是采用节能技术、智能建筑管理系统、绿色材料等创新技术的建筑）提供优惠贷款支持。

7. 新加坡建筑节能绿色债券

新加坡政府专门为低碳建筑项目提供资金支持的绿色债券，主要用于低碳建筑的建设和现有建筑的改造，包括节能技术应用、绿色建筑材料采购、可再生能源设施建设等。

4.4.2.2 国内绿色金融支持机制

近年来，中国政府高度重视绿色建筑和绿色金融的发展，出台了一系列相关政策。例如，2020年10月，财政部、住房城乡建设部联合发布《关于政府采购支持绿色建材促进建筑品质提升试点工作的通知》；2021年4月，中国人民银行、国家发展改革委、证监会联合印发《绿色债券支持项目目录（2021年版）》；2022年3月，住房城乡建设部发布了《"十四五"建筑节能与绿色建筑发展规划》；2024年3月，中国人民银行、国家发展改革委等五部委联合印发《关于进一步强化金融支持绿色低碳发展的指导意见》；2024年3月，国务院办公厅转发了国家发展改革委、住房城乡建设部发布的《加快推动建筑领域节能降碳工作方案》等，这些政策为绿色建筑和绿色金融的融合提供了有力的制度保障。

1. 《关于政府采购支持绿色建材促进建筑品质提升试点工作的通知》

在政府采购工程中推广可循环可利用建材、高强度高耐久建材、绿色部品部件、绿色装饰装修材料、节水节能建材等绿色建材产品；将政府采购绿色建筑和绿色建材增量成本纳入工程造价；由政府集中采购机构或部门集中采购机构定期归集采购人绿色建材采购计划，开展集中带量采购。目前已有101个市（市辖区）的医院、学校、办公楼、综合体、展览馆、会展中心、体育馆、保障性住房以及旧城改造项目，被纳入政府采购支持绿色建材促进建筑品质提升政策范围。

2. 《绿色债券支持项目目录（2021年版）》

将绿色建材制造、超低能耗建筑建设、建筑可再生能源应用（建设与运营）、既有建筑节能及绿色化改造等具备低碳属性的建筑领域产业纳入到绿色债券支持项目中，明确了国家债券顶层设计对低碳建筑产业的支持方向。

3. 《"十四五"建筑节能与绿色建筑发展规划》

文件提出要推动绿色金融与绿色建筑协同发展，创新信贷等绿色金融产品，强化绿色保险支持；同时，完善绿色建筑和绿色建材政府采购需求标准，在政府采购领域推广绿色建筑和绿色建材应用，探索大型建筑碳排放交易路径。

4. 《关于进一步强化金融支持绿色低碳发展的指导意见》

加大绿色信贷支持力度，在依法合规、风险可控和商业可持续的前提下，鼓励金融机构利用绿色金融标准或转型金融标准，加大对能源、工业、交通、建筑等领域绿色发展和低碳转型的信贷支持力度。

5. 《加快推动建筑领域节能降碳工作方案》

完善实施有利于建筑节能降碳的财税、金融、投资、价格等政策。加大中央资金对建筑节能降碳改造的支持力度。落实支持建筑节能、鼓励资源综合利用的税收优惠政策。鼓励银行保险机构完善绿色金融等产品和服务，支持超低能耗建筑、绿色建筑、装配式建筑、智能建造、既有建筑节能改造、建筑可再生能源应用和相关产业发展。

4.4.3 绿色金融支持低碳建筑发展的典型案例

联实（Lendlease）集团于2021年通过绿色债券获得7亿澳元的资金，用于悉尼、墨尔本等地的低碳建筑开发项目。资金重点使用方向为节能技术的应用，如安装太阳能光伏系统、建设智能建筑管理系统、安装绿色屋顶、采购绿色建筑材料等，这些技术有助于降低建筑的碳排放，提高能源效率。

筑绿未来：低碳建筑的发展之路 >>

  2024 年，中信银行南京分行向江苏武进绿色建筑产业投资有限公司发放绿色建筑行业可持续发展（ESG）双向挂钩银团贷款，金额 3.35 亿元。该资金的使用目标是将可持续发展理念融入企业的日常经营和业务发展中，贷款存续期内通过持续监测绩效目标实现情况，激发企业的可持续发展动力，实现经济与效益相结合。

  2023 年，安徽省蚌埠市住房和城乡建设局发布关于印发《蚌埠市光伏建筑应用试点城市专项资金使用管理办法》的通知，通知提出要提供专项资金支持光伏建筑应用示范项目建设（包括光伏建筑一体化应用项目建设、超低能耗建筑及近零能耗建筑建设、既有建筑节能改造及储能项目等）、光伏建筑监测/检测体系建设等工作，并根据项目建设规模给出了具体的补贴资金标准。

  2024 年，广州市住房和城乡建设局印发《广州市促进绿色建筑和建筑节能发展资金支持实施办法》，提出超低能耗建筑示范项目按照 50 元$/m^2$ 予以补助；近零能耗建筑示范项目按照 80 元$/m^2$ 予以补助；零能耗建筑和零碳建筑示范项目按照 100 元$/m^2$ 予以补助。

第 5 章
数字化技术推动低碳建筑发展

5.1 概要

"绿色建造"和"高质量发展"是"十四五"规划对建筑业提出的重点要求,为实现"智能化、绿色化、安全化、高质量、可持续"的发展目标,建筑行业既需要承担碳达峰、碳中和的艰巨任务,又要面临行业数字化转型的双重挑战。目前,国内外数字化技术在低碳建筑的应用已经取得了显著成效,通过物联网、AI、BIM 等数字化的技术手段,实现了建筑能耗的降低和碳排放的减少。

国际上,数字化在低碳建筑的应用已较为广泛。以英国贝丁顿社区为例,该社区通过数字化技术实现能源的高效管理和利用,如利用太阳能、风能等可再生能源,以及智能控制系统来优化能源使用,从而实现了零碳排放。新加坡建设局办公大楼通过集成采光、通风、清洁可再生能源等多项绿色设计与技术,实现了电能的自发、自用,并将多余的电能输送到公共电网。

在国内,数字化技术被广泛应用于低碳建筑领域。例如,浙江源创智控技术有限公司通过智能化楼宇的应用场景,如无人值守的楼宇自动控制系统,根据人流密度、自然光线控制调节楼宇的温度、亮度、风速,使环境达到人体最佳舒适度,同时实现了显著的节能效果。

鉴于国内外数字化技术在低碳建筑应用的快速发展趋势,本章节将分析数字化技术对建筑行业的影响,并以案例论述数字化如何为建筑行业的可持续发展提供有力支持。

5.2 数字化技术对低碳建筑发展的作用

5.2.1 助力建筑全生命周期的低碳化管理

5.2.1.1 设计优化

设计人员能够通过数字化的三维模型(如 BIM 信息模型)直观地展现建筑结构的空

间关系，有利于向施工人员传递正确的建设信息，减少信息误传造成的施工损失。此外，在装配式建筑的构件拆解过程中也可利用以 BIM 技术为代表的数字化手段，进行模拟和优化设计，包括设计不同构件的拆除顺序、方法和工艺；还可以通过预先分析和处理拆除过程中可能产生的风险和难点，提前制定科学合理的拆除方案。

数字化的建筑信息模型可将建筑设计、施工图纸、工艺流程、材料信息等多方面的信息整合为一个统一的模型，实现信息的共享和协同管理。在施工阶段，各相关人员能够通过 BIM 模型获取到所需的信息，避免信息不对称，提高工作协同效率。

此外，数字化技术可以通过智能连接技术改变建筑设计和规划的方式。建筑师可以在设计中内置集成传感器、控制和自动化系统，创建智能建筑计划。通过基于占用数据的预测使用模式的模拟，可以在建筑开始之前就对建筑物进行效率优化。3D 建筑模型可以将设计师的创意和方案可视化，直观地展示建筑设计的空间关系、造型特点以及细节，这不仅便于设计师评估方案、调整方案，还可用于向客户或相关方展示、提案。同时，借助 AI 技术的发展，可以培训 AI 分析建筑材料的性能和成本，对建筑结构进行优化设计，或者通过机器学习算法分析用户需求和使用行为，优化建筑功能和空间布局，大大提高设计阶段的效率和创新性。

5.2.1.2 提高施工效率减少资源能源浪费

利用施工物联网（IoT）技术采集施工过程的施工进度、材料消耗、工地环境等信息（信息类型包括数据信息及图像信息等），施工管理人员可通过这些收集的信息高效解决施工过程中可能遇到的能耗、材料、碳排放、人员、环境等各种问题，为整个施工建筑保驾护航。另外，3D 打印技术可助力施工过程自动化与精细化管理，提升建造速度与质量，降低能耗、减少建材浪费。

5.2.1.3 促进绿色建材应用

数字化技术可助力绿色建材的筛选与管理，推动低碳材料在建筑中的广泛应用，其作用包括：

1. 构建绿色建材数据库

通过数字化技术建立绿色建材数据库，收录建材的基本属性信息（如材质、性能、规格等），以及其环保指标、生产过程中的能耗和排放数据等，从而为建材的筛选提供了丰富的数据支持，使建设者能够更加全面地考虑建材的绿色性能。

2. 数据分析和预测

数字化技术还可以对建材的使用情况进行数据分析和预测。通过分析建材在实际应用中的性能表现、环境影响等数据，可以对建材的绿色性能进行更准确的评估。

3. 平台支撑与一站式服务

数字化技术还支撑了绿色建材采购平台的建设。这些平台通过整合绿色建材供应商、采购商和相关信息资源，提供一站式服务，包括建材筛选、采购、交易等。

5.2.1.4 助力碳排放核算

利用数字化技术在收集碳排放信息方面的优势，施工单位可以更快捷、高效地汇总施工量、能源消耗量等信息，进而有利于核算施工的碳排放量；此外，结合新型数字化传感技术的发展，建筑运行过程的能源消耗、直接排放等信息可以受到更准确、更及时（甚至是连续监测）的监测，便于开展碳排放核算工作。

5.2.1.5 协同管理与决策

在协同管理方面，数字化技术打破了传统建筑项目管理中的信息孤岛，实现了多方实时沟通与协作。例如，通过构建项目协同平台，可以集成项目管理、设计审查、施工监控等功能于一体，使得项目参与方能够实时共享信息、协同工作，从而大大提高项目低碳化管理的效率。

在决策方面，数字化技术为建筑领域提供了强大的数据支持和分析能力。通过收集、整合和分析项目全生命周期数据，数字化管理系统能够生成准确的报告和预测结果；通过构建碳排放模型、实时追踪项目全周期的碳排放数据等方式，可以为决策者实施降碳措施提供科学的依据。

5.2.2 推进建筑运营过程的节能减排

5.2.2.1 设备、能源的管理与控制

2024年3月12日，国家发展改革委、住房城乡建设部发布《加快推动建筑领域节能降碳工作方案》的通知，提出"推动建筑数字化智能化运行管理平台建设"。通过物联网、BIM、AI等数字化技术，实现建筑设备、用能的智能精细化控制，实现能源的高效管理和自动调节，降低能源消耗。此外，数字化技术可将建筑物内的各类机电系统（如照明、供暖、通风、制冷和安全系统等）连接到一个集成的平台上，实现设备间的数据交换和协同工作。在对建筑能源消耗实时监控的同时，可根据外部环境变化进行动态调整。例如，智能照明和智能HVAC（供暖通风）系统可以根据实际的占用情况和时间表自动调节，确保能源的高效利用。

5.2.2.2 系统集成与管理优化

借助物联网等数字化技术的系统集成优势，可将建筑内的照明、动力、供暖、供气等各个用能子系统实现信息的实时共享和协同管理。有利于运营人员更好掌握建筑内各个系统的运行状态，有效提升系统管理精度及效率。例如，在人员密集时段，系统可以自动增加电梯运行数量以减少乘客等待时间；在夜间或人员稀少时段，系统则会自动降低照明亮度以实现节能降耗。

此外，系统集成还有助于优化资源配置，实现能源的高效利用。通过集中监控和远程控制建筑内的各种设备，可以根据实际需求对建筑用能设备进行智能调度。例如，系统可以根据室内外温度和湿度变化自动调节空调运行参数，根据人员活动情况自动调节照明亮度。这些智能化措施不仅降低了建筑的能源消耗，还减少了浪费，进一步降低了运营成本。

5.2.2.3 提高人与建筑的交互水平

物联网和 AI 等技术的应用，可以显著提高人与建筑的交互水平，改善居住者的居住体验，并有利于节能降碳。具体来说：

1. 实现了建筑物各种传感器数据的实时收集和传输

这些数据包括环境参数（如温度、湿度、光照等）、设备状态（如电梯运行、空调能耗等）以及人流信息等。通过收集这些数据，建筑可以更加精准地了解人的需求和行为模式，从而做出相应的调整和优化。例如，根据室内温度和湿度自动调节空调系统，提供舒适的居住环境；或者根据人流信息自动调整照明和电梯运行，提高建筑的使用效率。

2. 实现了建筑的远程控制和运行优化

用户可以通过手机、平板等移动设备，随时随地对建筑内的设备进行远程监控和控制。这种远程交互方式不仅提高了生活的便捷性，还实现了能源的高效利用与低碳化。例如，用户可以在离家前通过手机关闭家中的电器设备，或者在寒冷天气中提前开启暖气系统，确保回家时能够享受到温暖的环境。

3. 增强了建筑的安全保障和监控能力

通过安装智能安防设备，如摄像头、入侵报警系统等，用户可以实时监控内外环境，及时发现并处理潜在的安全隐患。同时，这些数据还可以通过网络传输到用户的移动设备上，让用户随时了解建筑的安全状况，增强安全感。

4. 促进了建筑与人的个性化交互

通过 AI 技术收集和分析用户的行为习惯和偏好，可以为用户提供更加个性化的服务。例如，智能家居系统可以根据用户的喜好自动调节照明、音乐等环境参数，营造舒适的居住氛围；智能办公建筑可以根据员工的工作习惯和会议需求，自动安排会议室和办公设备，提高工作效率。

5.2.2.4 预测与辅助决策

基于建筑的历史能耗数据、碳排放信息、未来天气变化、使用周期、人员流动等因素，利用 AI 技术可以预测建筑能耗趋势与碳排放趋势，并生成诸如预测图形、报告、报表等信息。更进一步的，AI 技术可将这些信息进行深度分析以后给出运维策略和建议，辅助建筑管理者做出管理优化决策，助力实现节能和低碳目标。

5.3 典型数字化技术介绍

5.3.1 建筑信息模型（BIM）

BIM 的英文全称是 Building Information Modeling，由三部分组成。

① BIM 是一个设施（建设项目）物理和功能特性的数字表达。

② BIM 是一个共享的知识资源，是一个分享有关这个设施的信息，为该设施从建设

到拆除的全生命周期中的所有决策提供可靠依据的过程。

③ 在建设项目的不同阶段，相关方可在 BIM 中实施插入、提取、更新和修改信息等操作，以协同和支持不同职责的工作。

BIM 技术在建筑领域的应用非常广泛，已经成为推动建筑行业数字化转型的关键技术。BIM 不仅是一个 3D 模型，它还集成了结构化的多学科数据，能够贯穿自规划、设计、施工到运行的整个生命周期内的资产数字表达。建筑师、工程师、房地产开发商、承包商等可以通过 BIM 在一个共享的 3D 模型中进行协作，极大地提高了工作效率和项目管理的精准度。例如，湖北鄂州花湖国际机场，该机场是我国机场领域首次"全生命周期"运用数字施工与智慧建造技术的工程项目，主要将工程中的设计图纸、标准图集、验收规范、施工方案等信息整合到一个 BIM 数字模型中，形成了 4000 多个模型。BIM 技术帮助施工方进行了科学的资源配置。通过 BIM 模型可以精确分析施工现场的空间布局，合理安排机械设备和人力资源，避免了资源浪费和现场混乱现象，提高了施工效率。

5.3.2 增强现实（AR）

增强现实（Augmented Reality，AR）技术是借助光电显示技术、交互技术、多种传感器技术和计算机图形与多媒体技术将计算机生成的虚拟环境与使用者周围的现实环境相融合，在使用者的感官（主要是视觉和听觉）中形成虚拟的辅助信息。增强现实具有虚实结合、实时交互、三维注册的特点，目前已经是建筑领域最受关注的技术之一。

AR 技术可以测量空间的物理属性，包括高度、宽度和深度。建筑施工方可以将这些数据信息整合到模型中，进而生成更准确的结构。因此，利用 AR 技术开展测量工作，可辅助测算施工量、能源消耗量及所需建材用量，有利于开展低碳施工。

5.3.3 物联网（IoT）

物联网（Internet of Things，IoT）概念最早出现于比尔盖茨 1995 年《未来之路》（The Road Ahead）一书中，只是当时受限于无线网络、硬件及传感设备的发展，并未引起世人的重视。物联网是指通过信息传感器设备，对物品进行普遍感知和连接，实现人、机、物三者之间的智能交互。这种交互不仅包括在线监测、控制，还包括物品之间的协同和智能化行动。物联网技术在建筑领域具有重要作用，通过连接各种设备、传感器和系统，可实现建筑数据的收集、分析和应用，从而推动了建筑产业链的数字化转型和低碳化发展。

5.3.4 3D 打印技术

3D 打印又称增材制造技术（Additive Manufacturing Technologies，AM），是一种依据三维形貌信息数据，用逐层材料累加方法来制造实体零件的技术。

目前，3D 打印技术已得到广泛应用，特别是在建筑领域已经成为一项新兴技术。建筑设计师可将数字化设计模型输入"3D 打印机"中，转化为打印指令，"3D 打印机"会按照设计要求，将特殊材料一层层叠加成特定形状的建筑部件。相较传统的建筑部件生产方式，3D 打印技术无须制作特定模具，生产效率高，特别适合生产结构较为复杂的建筑部件。因此，3D 打印技术在节约原材料与减少能源消耗方面也更具优势。采用 3D 打印技术的火星巢穴居所酒店外景如图 5-1 所示。

图 5-1　采用 3D 打印技术的火星巢穴居所酒店外景

5.3.5　人工智能（AI）

人工智能（Artificial Intelligence）以计算机科学为基础，融合心理学、哲学等多学科交叉发展而成，主要用于研究、模拟、延伸和扩展人的智能的理论、方法、技术及应用系统。人工智能领域的研究包括机器人、语言识别、图像识别、自然语言处理和专家系统等。自 20 世纪 70 年代以来，人工智能已成为世界科学发展的新热点，随着人工智能技术的日益成熟，建筑领域的应用也方兴未艾。AI 可以对建筑结构进行优化设计，可以分析建筑材料的性能和成本，或者通过机器学习算法分析用户需求和使用行为，优化建筑功能和空间布局。此外，通过大量最佳实践案例的训练，AI 还可从建筑全生命周期角度，分析哪些环节可以降低建筑的碳足迹，进而为决策者提供建设低碳建筑的有效建议。

5.4　数字化技术在低碳建筑中的应用案例

5.4.1　BIM 技术在滨海湾金沙酒店的应用

在滨海湾金沙酒店的项目设计阶段，BIM 技术被用于进行建筑热力学模拟和太阳能分析。通过对建筑外立面的优化、窗户布局和建筑材料的精确选择，大大提高了建筑的能源效率。BIM 技术帮助设计团队精确模拟不同设计方案对建筑能源消耗的影响，减少了建筑运行过程的制冷和取暖的需求，并提高了建筑的自然采光利用率，进一步降低了人工照明的使用。新加坡海湾金沙酒店外景如图 5-2 所示。

在施工阶段，BIM 技术的应用使得项目团队能够较为精确计算所需建筑材料的用量，

图 5-2　新加坡滨海湾金沙酒店外景

并通过施工模拟减少了材料的浪费，优化了施工进度和资源配置，确保了施工过程的高效与低碳。此外，BIM 技术还协助优化了建材运输路线，进一步降低了运输过程中的碳排放。

酒店进入运行阶段后，通过将 BIM 信息与智能建筑管理系统（BMS）相结合，实现了建筑能效的实时监控和动态优化，运营团队能够实时掌握建筑的能源消耗情况，针对空调、电力、照明等系统进行智能调节，减少不必要的能源浪费。同时，BIM 技术帮助酒店管理团队进行定期能效评估，及时发现和解决运营中的能效问题，进一步降低碳排放。

5.4.2　物联网技术在上海绿地中环广场的应用

上海绿地中央广场是涵盖办公、商业、住宅和酒店功能的建筑综合体（图 5-3）。在中国建筑业双碳目标的大背景下，该项目充分应用物联网（IoT）技术，通过智能能源管理、环境监控和智能控制等手段，显著降低了碳排放和能源消耗。通过物联网技术的应用，实现了以下功效。

图 5-3　上海绿地中环广场

1. 能源管理与节能减排

通过物联网技术，上海绿地中心实时监控建筑内的能耗，并根据实际使用情况智能调节空调、照明等设备。例如，当室内无人或温度适宜时，系统自动关闭空调和调节照明，避免能源浪费。

2. 智能照明与温控系统

物联网技术通过智能照明和温控系统优化建筑的能源使用，减少了传统建筑中因能源浪费产生的碳排放。系统根据光照强度自动调节照明亮度，白天减少照明，夜间根据实际需求调整。温控系统根据室内外环境和人员活动情况智能调节温度，避免了过度供热或制冷，进一步降低了能源需求和碳排放。

3. 智能水资源管理

物联网技术对建筑内的水资源进行智能管理，实时监控水流量并检测漏水等问题，有效避免了水资源的浪费。在节水的同时，减少了与水资源管理相关的能源消耗，从而降低了碳排放。

4. 数据驱动的持续优化

物联网平台收集的大量数据帮助项目团队进行能效分析，实时优化能源使用。通过持续的数据分析和系统反馈，建筑运营团队可以在确保舒适度和功能的前提下，优化能效，进一步减少建筑的碳足迹。

5.4.3　AI 技术在腾讯滨海大厦的应用

腾讯滨海大厦是深圳市腾讯计算机系统有限公司打造的绿色低碳办公楼（图 5-4），该楼的建设与运行过程应用了 AI 技术，以实现建筑的节能、减排和低碳目标。通过智能化的能源管理、环境调节和建筑运行系统，建筑运行得到了高效管理。在节能减排方面，AI 系统可根据室内温度、湿度、人员活动情况，基于人员活动历史规律，分析并自动调整空调温度和照明亮度等电器系统的使用方案，避免能源浪费。例如，在办公区域无人时，系统自动关闭空调并调暗照明，确保仅在需要时消耗能源。此外，AI 系统还可根据建筑内的能耗模式，结合外部气候变化预测建筑的能效需求，智能调节设备的运行负荷，避免高峰期能源过度消耗，减少电力需求，降低了碳排放。

图 5-4　腾讯滨海大厦

第6章

展望

6.1 低碳是建筑业发展的必然需求

当前我国建筑行业已经开始从粗放发展模式向高质量发展模式转型，低碳作为建筑业高质量的核心要素之一，是建筑业发展到新阶段的必然需求，关系着建筑行业的未来。建筑企业应从技术、人员、生产、管理等各方面摸索实现高质量转型升级的路径，积极响应和践行国家"双碳"目标，履行建筑企业的社会责任，推动建筑业的可持续发展。

在"双碳"目标下，传统建筑企业转型为低碳建筑企业，关键在于利用新技术改造提升传统产业，从而促进建筑行业的绿色化。传统建筑企业以资源驱动为主导理念，通过规模化实现盈利，以建筑的建造用能和大规模的能源消耗为主，缺乏考虑环境资源的约束性，建筑总能耗量大，多是"碎片化"产业链的生产方式和粗放式的建造方式。而低碳建筑企业则以绿色化发展为主要目标，以绿色建造为主，核心能力源自绿色建造技术整体集成赋能产业绿色化转型，且技术创新的力度越大，企业可持续性绿色效益越多，建筑企业绿色化转型发展效果也更加显著，并以绿色化服务和产品形态展现。

6.2 关注低碳企业发展的核心途径

建筑业企业应该关注低碳发展的核心途径，包括以下内容。

① 根据自身发展趋势与经营目标，制定合理的"双碳"目标。

② 从设计出发，关注建筑的全生命周期碳排放情况，寻找最佳低碳设计实践。

③ 加强企业员工的双碳意识培训，提高员工的环保意识和技能水平。鼓励员工积极参与双碳行动，共同推动企业的可持续发展。

④ 强化碳排放的监测和管理，通过数据分析，更准确地了解自身的碳排放状况，并据此制定更有效的减排策略。

⑤ 构建低碳供应链体系，通过考评、选择低碳供应商等方式，采购绿色建筑材料/设

备，优化绿色物流，进而减少建筑的碳足迹。

⑥ 重视绿色科技创新，通过技术转化、设计/施工创新、管理创新等方式，推广低碳建造模式，使用低碳材料，提升建筑节能水平与新能源利用水平，增强建筑碳汇，努力实现建筑碳中和。

6.3 人才培养对低碳建筑发展的关键作用

2022年4月，教育部印发的《加强碳达峰碳中和高等教育人才培养体系建设工作方案》中强调"加快紧缺人才培养"。人才作为推动行业变革的核心要素，在建筑行业的低碳转型进程中发挥着不可替代的作用。人才队伍建设的关键在于培养高素质的复合型人才，培养策略可围绕如下三个角度开展。

1. 完善教育体系

相关院校及研究单位优化建筑相关专业课程设置和跨学科选修课程设置，如低碳建筑原理、可再生能源应用、建筑碳排放计算、碳排放交易等课程内容。同时，推进产学研深度融合，向有需求的企业输送专业人才。

2. 加强企业培训

建筑企业应制定长期、系统的员工低碳培训计划，涵盖从新员工入职到高级管理人员的不同层次培训。此外，采用线上线下相结合的创新培训方式，利用网络课程、虚拟仿真培训等手段，提高培训的灵活性和效果。

3. 健全认证与评价体系

由行业协会、科研机构和企业共同参与，制定科学合理的低碳建筑人才认证与评价标准，明确不同级别低碳建筑人才的知识、技能和能力要求。此外，依据认证标准，开展低碳建筑人才认证考试和评价工作，对获得认证的人才，建立人才信息库，为行业提供人才查询和推荐服务。

6.4 国际合作的有益作用

国际合作对全球低碳建筑发展具有重要意义。通过跨国合作，低碳建筑技术和创新成果得以广泛共享，促进了全球范围内的绿色建筑技术应用。国际合作为技术转移、知识共享提供了平台，发达国家的低碳技术得以向发展中国家转移，同时也为发达国家提供了发展中国家的实践经验。此外，跨国科研机构和企业共同研发新型低碳建筑材料和智能节能系统，推动了技术的进步。

在标准化方面，国际合作提升了涉碳建筑评估体系的知名度（如LEED、BREEAM和DGNB等），为全球低碳建筑提供了标准化的评估框架。各国建筑项目能够在符合低碳要求的基础上，可以获取各界广泛认可的低碳证明，进而增强了建筑企业的市场竞争力，客观上推动低碳建筑在全球的普及。未来，国际互认或统一的低碳建筑评价标准将是行业关注的新趋势。

在金融支持方面，国际合作促进了低碳金融的蓬勃发展，推动了资金在全球范围内流向低碳建筑项目。通过绿色债券、绿色贷款等金融工具，跨国企业和投资者可以为低碳建筑提供资金支持，降低融资成本，促进绿色建筑的可持续发展。

国际合作还助力各国政府在低碳建筑政策和法规方面的对接，通过联合制定政策和法规，加强了各国在低碳建筑领域的协作，促进了全球建筑行业的绿色转型。此外，通过共享最佳低碳建筑案例，互相引进建筑低碳技术，展示了低碳建筑在全球普及的可行性与减排成效。

相信随着国际合作的深入推进，低碳建筑将加速普及，全球建筑行业将迈向更加高质量、可持续和低碳的未来！

参考文献

[1] ZHANG W，CLARK R，ZHOU T，et al. 2023：Weather and Climate Extremes Hitting the Globe with Emerging Features［J］. Advances in Atmospheric Sciences，2024，41（06）：1001-1016.

[2] 闫光明，王美艳，薛扬. 变暖的海洋正在加速改变世界［J］. 生态经济，2024，40（11）：5-8.

[3] 隋广军，郁清漪，唐丹玲. 全球气候变化治理制度变迁的逻辑：路径、动力和效能［J］. 改革，2023（07）：57-72.

[4] 伏云辉. 全球150余国提出碳中和目标［J］. 生态经济，2024，40（03）：1-4.

[5] 孟子祺. 法国碳中和战略：目标设定、实现路径与前景分析［J］. 法国研究，2023（2）：68-85.

[6] 樊星，李路，秦圆圆，等. 主要发达经济体从碳达峰到碳中和的路径及启示［J］. 气候变化研究进展，2023，19（01）：102-115.

[7] 张锐. 碳中和背景下的全球能源治理：范式转换、议题革新与合作阻碍［J］. 学术论坛，2022，45（2）：16-27.

[8] 何纪杨，陈童. 物联网技术在智能建筑中的应用研究［J］. 中国新技术新产品，2023（02）：59-61.

[9] 郗海芸. "双碳"目标面临的挑战及实现路径［J］. 黑龙江环境通报，2023，36（01）：34-36.

[10] 杨子艺，胡姗，徐天昊，等. 面向碳中和的各国建筑运行能耗与碳排放对比研究方法及应用［J］. 气候变化研究进展，2023，19（06）：749-760.

[11] 王舒媛，周敬敏，等. 贝丁顿零碳生态社区可持续设计理念及策略［J］. 住宅科技，2022，5（05）：58-63.

[12] 刘珊，马欣伯，喻彦喆，等. 美国零能耗建筑发展现状及实践——以布利特中心建筑为例［J］. 暖通空调，2019，49（4）：7.

[13] RICHARD，A，PERKINS，et al. Measurement and Correlation of the Thermal Conductivity of Butane from 135 K to 600 K at Pressures to 70 MPa［J］. Journal of Chemical & Engineering Data，2002，47（5）：1263-1271.

[14] 孔俊婷，祁可，高桐，等. 日本可持续住宅建设的实践与启示［J］. 建筑节能，2022，3（7）：43-49.

[15] 佚名. 南京中丹生态城绿色灯塔［J］. 动感：生态城市与绿色建筑，2016（3）：8.

[16] 何墨腾，陈璞，等. 南京绿色灯塔：南京高新区展览馆［J］. 建筑实践，2019（6）：44-49.

[17] 邵凡茜. "双碳"目标下绿色建筑技术应用——以上海中心大厦为例［J］. 城市建筑空间，2022，29（8）：88-90.

[18] 刘东卫，冯海悦，李静，等. 新时代好房子标准内涵及指标体系探讨［J］. 中国勘察设计，2023（5）：6.

[19] 黄劲，柏雄艳. 宜居、安居、乐居：新时代好房子的建设标准［J］. 中国勘察设计，2023（5）：32-34.

[20] 蔡伟光，武涌，倪江波，等. 中国城市基础设施碳排放研究报告（2023）［R］. 城乡建设，2024（06）：54-63.

[21] 中国勘察设计杂志. 全国"好房子"设计大赛正式启动［J］. 建筑，2023（9）：102-103.

[22] 肖青. 钢铁企业碳排放核算与碳减排技术探讨［J］. 冶金经济与管理，2024（06）：10-13.

[23] 林欣璇. "双碳"目标下我国钢铁工业出口隐含碳研究［J］. 商展经济，2025（01）：80-83.

[24] 绿色建筑与生态城区专业委员会. T/CECS 10025—2019，绿色建材评价 预制构件［S］. 北京：中国建筑工业出版社，2019.

［25］ 我国首条百辆氢能重卡示范线在保定投运［J］．上海节能，2021（08）：858．
［26］ ELISABETH VAN ROIJEN，SABBIE A. MILLER，STEVEN J. Davis. Building Materials Could Store More Than 15 Billion Tons of CO_2 Annually［J］．Science，2025，387（6730）：176-182．
［27］ 张晓冬，高喜玲，王铁勇．既有公共建筑运行碳排放量换算与碳交易现状分析［J］．中国设备工程，2022（23）：256-258．
［28］ 王涌天，陈靖，程德文．增强现实技术导论［M］．北京：科学出版社，2015．